BIM 技术应用与培训系列教材

# Navisworks 基础及应用

华筑建筑科学研究院　组织编写

中国建筑工业出版社

图书在版编目（CIP）数据

Navisworks 基础及应用/华筑建筑科学研究院组织编写. —北京：
中国建筑工业出版社，2016.10（2023.6重印）
BIM 技术应用与培训系列教材
ISBN 978-7-112-20063-4

Ⅰ.①N… Ⅱ.①华… Ⅲ.①建筑设计-计算机辅助设计-应用
软件-技术培训-教材 Ⅳ.①TU201.4

中国版本图书馆 CIP 数据核字（2016）第 264088 号

本书以 Autodesk Navisworks Manage 2016 为基础，通过丰富的案例操作，详
细介绍了 Navisworks 在数据集成、沟通展示、碰撞检测、施工预演的过程和操作
方法。

作为市面上为数不多的 Navisworks 教材，本书全面、系统地讲解了 BIM 在
管理中的应用情况，通过深入浅出的介绍，可帮助读者全面掌握 Navisworks 中各
模块的操作和使用，并通过 Navisworks 理解 BIM 中的信息规则、模型规则的概
念，同时理解 BIM 领域与云计算领域之间的关联关系。

本书可作为设计企业、施工企业以及地产开发管理企业中 BIM 从业人员和
BIM 爱好者的自学用书，也可作为高校建筑学、土木工程、工程管理等相关专业
的教学参考用书。

责任编辑：牛　松
责任设计：谷有稷
责任校对：陈晶晶　党　蕾


BIM 技术应用与培训系列教材
Navisworks 基础及应用
华筑建筑科学研究院　组织编写
＊
中国建筑工业出版社出版、发行（北京海淀三里河路 9 号）
各地新华书店、建筑书店经销
北京科地亚盟排版公司制版
建工社（河北）印刷有限公司印刷
＊
开本：787×1092 毫米　1/16　印张：4¼　字数：105 千字
2017 年 1 月第一版　2023 年 6 月第三次印刷
定价：**18.00** 元
ISBN 978-7-112-20063-4
（29295）

# BIM 技术应用与培训系列教材
# 编写委员会

# 《Navisworks 基础及应用》编写委员会

# 总 序

　　BIM 技术作为信息化技术的一种，正在逐步改变着人类的建筑观，深刻影响着工程建设行业的生产管理模式，对工程建设行业的重新布局起着至关重要的作用。BIM 技术的应用使工程项目管理在信息共享、协同合作、可视化管理、数字交付等方面变得更加成熟高效。

　　当前，我国的建筑业正面临着转型升级，BIM 技术会在这场变革中起到关键作用，成为工程建设领域实现技术创新的突破口。在住房和城乡建设部颁布的《2016～2020 年建筑业信息化发展纲要》和《关于推进建筑信息模型应用指导意见》以及各省市行业主管部门关于推广 BIM 技术应用的指导意见中均明确指出，在工程项目规划设计、施工建造以及运维管理过程中，要把推动建筑信息化建设作为行业发展的首要目标。这标志着我国工程项目建设已全面进入信息化时代，同时也进一步说明了在信息化时代谁先掌握了 BIM 技术，谁就会最先占领工程信息化建设领域的制高点。因此，普及和掌握 BIM 技术并推动其在工程建设领域的应用是实现建筑技术转型升级，提高建筑产业信息化水平，推进智慧城市建设的基础和根本，同样也是我们现代工程建设人员保持职业可持续发展的重要关切。

　　北京华筑建筑科学研究院是国内第一批专业从事 BIM 咨询、培训、研发和企业应用探索的研究机构。研究院由建设部原总工许溶烈先生任名誉院长，集结了一批用新理论、新方法、新材料来发展和改革建筑业面貌的一批有志之士，从 2008 年就开始在香港示范应用 BIM 技术。团队由北京工业大学、清华大学、同济大学等高校的 BIM 专家学者提供最前沿的技术指导，全心致力于研究和推广 BIM 技术在工程建设行业与计算机技术的融合应用，目标是为客户提供具有价值的共赢方案。

　　华筑 BIM 系列丛书是由北京华筑建筑科学研究院特邀国内相关行业专家、BIM 技术研究专家和 BIM 操作能手等组成 BIM 技术与技能培训教材编委会，针对 BIM 技术应用组织编写的。该系列丛书主要包含三个方面：一是介绍相关 BIM 建模软件工具的使用功能和建模关键技术；二是介绍 BIM 技术在建筑全生命周期中的应用分析与业务流程；三是阐述 BIM 技术在项目管理各阶段的协同应用。

　　本套丛书是华筑 BIM 系列丛书之一，主要从 BIM 建模技术操作层面进行讲解，详细介绍了相关 BIM 建模软件工具的使用功能和在工程项目各阶段、各环节和各系统建模的关键技术。包含四个分册：《Revit Architecture 建模基础及应用》；《Revit MEP 建模基础及应用》、《Magicad 基础及应用》和《Navisworks 基础及应用》。丛书完全按实际工作流程编写，可以作为各类设计企业、施工企业以及开发企业等希望了解和快速掌握 BIM 设计基础应用用户的指导用书，也可以作为大中专院校相关专业的参考教材。

　　最后，感谢参加丛书编写的各位编委们在极其繁忙的工作中抽出时间撰写书稿所付出的大量工作，以及感谢社会各界朋友对丛书的出版给予的大力支持。书中难免有疏漏之处，恳请广大读者批评指正。

华筑 BIM 系列丛书编委会主任

赵雪锋

2016 年 8 月 1 日于北京比目鱼创业园

# 目　录

# 第1章 软件介绍

## 1.1 Navisworks 简介

Autodesk Navisworks 是 Autodesk 公司出品的一系列建筑工程管理软件产品，能够帮助建筑、工程设计和施工团队加强对项目成果的控制，使所有项目相关方都能够整合和审阅详细设计模型，在实际建造前以数字方式探索项目的主要物理和功能特性，缩短项目交付周期，提高经济效益，减少环境影响。

Autodesk Navisworks 软件能够将 AutoCAD 和 Revit 系列等应用创建的设计数据，与来自其他设计工具的几何图形和信息相结合，将其作为整体的三维项目，通过多种文件格式进行实时审阅，而无需考虑文件的大小。Navisworks 软件产品可以帮助所有相关方将项目作为一个整体来看待，从而优化从设计决策、建筑实施、性能预测和规划直至设施管理和运营等各个环节。

Autodesk Navisworks 软件系列包括三款产品：

Autodesk Navisworks Manage 软件是一款用于分析、仿真和项目信息交流的全面审阅解决方案。多领域设计数据可整合成单一集成的项目模型，以供冲突管理和碰撞检测使用。Navisworks Manage 能够帮助设计和施工专家在施工前预测和避免潜在问题。

Autodesk Navisworks Simulate 软件提供了用于分析、仿真和项目信息交流的先进工具。完备的四维仿真、动画和照片级效果图功能使用户能够展示设计意图并仿真施工流程，从而加深设计理解并提高可预测性。实时漫游功能和审阅工具集能够提高项目团队之间的协作效率。

Autodesk Navisworks Freedom 软件是一款面向 NWD 和三维 DWF 文件的免费浏览器。Navisworks Freedom 使所有项目相关方都能够查看整体项目视图，从而提高沟通和协作效率（见表 1-1）。

| Autodesk Navisworks Freedom 软件功能表 | | | 表 1-1 |
|---|---|---|---|
| | Autodesk Navisworks Manage | Autodesk Navisworks Simulate | Autodesk Navisworks Freedom |
| 项目浏览及漫游 | √ | √ | √ |
| 项目校审 | √ | √ | |
| 仿真和分析 | √ | √ | |
| 协调和碰撞检测 | √ | | |

## 1.2 应用领域

目前，Navisworks 已经被广泛应用于工程建设行业（如楼宇、工厂、体育场馆、石油化工等）及制造业（如大型工业设备、流水线装置、船舶、冶金设备、水处理设备等）的设计中。

如果我们在项目实施中遇到以下问题，则需要考虑使用 Navisworks 来解决：

- 难以聚合多项 CAD 数据或者难以处理的大装配；
- 难以对大型工厂模型或大型设备进行可视化评审；
- 需要快速构建数字工厂，并通过仿真体验真实制造工厂的外观及布局；
- 要求检查工厂或大型设备模型的干涉；
- 想让所有利益相关者都可以安全地访问完整的工厂布局模型。

Navisworks 为广大工程建设行业或制造业的设计人员解决跨行业设计难题、处理大装配及打造数字化工厂提供行业领先的解决方案。

## 1.3 功能简介

### 1.3.1 项目校审

1. 模型文件和数据整合

Autodesk Navisworks Manage 2013 模型文件和数据整合功能支持将设计、施工和其他项目数据整合成单一集成的项目模型。该软件能够以任意主流三维设计先扫描文件格式导入文件，从原始设计文件读取智能数据以便用户脱离模型进行浏览，从外部数据库导入数据并在模型中显示数据。

2. 校审工具套件

该软件的审阅工具套件包含一系列工具，能够优化整体项目校审流程。其特性支持测量距离、面积和角度；存储、组织和共享设计的空间视点并将这些视点导出图像或报表；添加剖面图和平面图，以便用户详细检查设计细节。Navisworks NWF 参考文件支持用户在查看最新版 CAD 设计的同时，保存之前的校审数据。

3. NWD、3D DWF 和 FBX 文件发布功能

发布整个项目，生成整体项目规图。以单一可发布式 NWD、3D DWF 和 FBX 文件发布和存储完整的项目模型，最多可将文件压缩为原始设计文件的 10%。

4. 协作工具套件

利用先进的红线标示工具将标记添加到视点中，以此交流设计意图，提高协作效率；为视点添加可搜索的注释；通过记录动画漫游，提供实时反馈；优化大型模型和标准件；在模型加载过程中对设计进行导航。

### 1.3.2 项目浏览

实时漫游，利用先进的导航工具生成逼真的项目视图，实时地分析集成的项目模型。借助返回功能，可以在 Autodesk Navisworks 中选择某个对象，然后返回 Revit 中定位到相同的对象。支持多页文件浏览，实现平面图纸与三维模型的关联定位。

### 1.3.3 仿真分析

1. 照片级可视化

利用 Autodesk Navisworks Manage 2013 的高级可视化功能制作逼真的三维动画和图

像，以此向相关方进行项目演示。定制和配置每个渲染元素，例如，材质、光线、背景和渲染样式；使用环境背景添加真实场景；从 1000 多种内置材质中进行选择，创建精确的照片级效果。

**2. 动画**

该软件的动画功能可帮助用户创建动画，以供碰撞和冲突分析使用。用户能够创建交互脚本，将动画链接至特定的事件、触发器或主要批注，或将动画链接至 4D 模拟任务，进而优化施工规划流程。

**3. 4D 模拟**

在 4D 环境中对施工进度和施工过程进行仿真，以可视化的方式交流和分析项目活动，并减少延误和施工排序问题。4D 模拟功能通过将模型几何图形与时间日期关联起来，制定施工或拆除顺序，从而支持用户验证建造流程或拆除流程的可行性；从项目管理软件导入时间、日期和其他任务数据，以此在进度和项目模型之间创建动态链接；制定预计和实际时间，直观显示计划进度与实际项目进度之间的偏差。

### 1.3.4　协调

**1. 碰撞和冲突检测**

在施工前预测和避免潜在问题，减少成本高昂的延误和返工。Autodesk Navisworks Manage 2013 软件的碰撞和冲突检测功能支持用户对特定几何图形进行冲突检测，使用户能够更加轻松地发现和解决冲突。将冲突检测结果与 4D 模拟和动画相关联，以此分析空间中的碰撞和时间上的冲突问题。

**2. 碰撞和冲突管理**

Autodesk Navisworks Manage 2013 软件能够管理、跟踪和解决碰撞和冲突。用户能够导出包含注释和屏幕截图的冲突检测报表，以便和项目团队交流问题。

## 1.4　文件格式

Autodesk Navisworks Manage 2013 支持目前几乎所有主流的三维模型格式（见表 1-2）。

软件支持三维模型格式表　　　　　　　　　　　　　　　表 1-2

| 格式 | 拓展名 |
| --- | --- |
| Autodesk Navisworks | .nwd；.nwf；.nwc |
| AutoCAD | .dwg；.dxf |
| ACIS SAT | .sat |
| CIS/2 | .stp；.step |
| DWF | .dwf |
| FBX | .fbx |
| IFC | .ifc |
| IGES | .igs；.iges |
| ASCII | .asc；.txt |

续表

| 格式 | 拓展名 |
|---|---|
| 3D Studio | .3ds；.prjv |
| Informatix MAN | .man；.cv7 |
| Inventor | .ipt；.iam；.ipj |
| JTOpen | .jt |
| REVT | .rvt；.rfa；.rte |
| CATIA | .model；.session；.exp；.dlv3；.CATPart；.CATproduct；.cgr |
| Soliwdworks | .prt；.sldprt；.asm；.sldasm |
| MicroStation（SE、J、V8、XM） | .dgn；.prp；.prw |
| PDS Design Review | .dri |
| Faro | .fls；.fws；.iQscan；.iQmod；.iQwsp |
| NX | .prt |
| Pro/ENGINEER | .prt；.asm；.g；.neu |
| RVM | .rvm |
| Riegl | .3dd |
| SketchUp | .skp |
| STEP | .stp；.step |
| STL | .stl |
| Leica | .pts；.ptx |
| VRML | .wrl；.wrz |
| Z+F | .zfc；.zfs |

在 Autodesk Navisworks Manage 2013 中，用户可以将上述格式文件组合在一起，创建一个包含整个项目几何图形和数据的 Autodesk Navisworks Manage 2013 模型文件。该文件将多领域团队创建的图形和数据整合在一起，使用户可以实时浏览和审阅复杂模型。

Autodesk Navisworks Manage 2013 自带有四种文件格式：nwc、nwf、nwd 和 nwp。

• nwc 文件格式（缓存文件）

默认情况下，在 Navisworks 中打开或追加任何原生 CAD 文件或激光扫描文件时，将在原始文件所在的目录中创建一个与原始文件同名但扩展名为 .nwc 的缓存文件。由于 nwc 文件比原始文件小，因此可以加快对项目文件的访问速度。下次在 Navisworks 中打开文件或追加文件时，将从相应的缓存文件（如果该文件比原始文件新）中读取数据。如果缓存文件较旧（这意味着原始文件已更改），Navisworks 将转换已更新文件，并为其创建一个新的缓存文件。

• nwf 文件格式

nwf 文件只是包含了模型的路径信息和各种设定信息，模型的几何信息需要原始模型的支持，由于 nwf 文件非常小，可以方便地用 E-mail 发送给设计团队中的其他人员，方便在局域网上沟通。此外，当原始模型修改时，只要 nwf 链接最新的 nwc 模型文件便可以直接反映最新模型情况，而 nwd 需要重新生成。

• nwd 文件格式

nwd 文件是打包后发布的模型，可以大幅压缩原始模型的尺寸，且不能被修改，可独立于原始模型进行发布，当原始模型修改后，nwd 文件需要重新生成。另外，也可对 nwd 文件设定访问权限等各种信息。它可以使用免费的浏览器进行浏览，便于交流。

- nwp 文件格式

nwp 文件打包发布 presenter 中所有的材质信息，可以在材质面板空白处右键附加、合并和发布 NWP 材质包。nwp 便于团队管理常用的材质。

【注意】在项目进行中使用 nwf 文件，而项目前与项目建成后使用 nwd 文件。

## 1.5　硬件要求

单机版安装的第一项任务是确保计算机满足最低系统要求。如果系统不满足这些需求，则在 Autodesk Navisworks 内和操作系统级别上都可能会出现问题。

请参见下面的硬件和软件要求表（见表 1-3）。

客户端计算机的硬件和软件要求　　　　　　　　　　　　　　表 1-3

| 操作系统 | Microsoft5 Windows7（32 位或 64 位）HomeBasic、Home Premium、Professional、Enterprise 或 Ultimate（推荐）<br>Microsoft5 Windows Vista5 SP2（32 位或 64 位）Home Premium、Business、Enterprise 或 Ultimate<br>Microsoft5 WindowsXP SP3（32 位）Home 或 Professional<br>Microsoft5 Windows XP SP2（64 位）Professional |
|---|---|
| Web 浏览器 | Microsoft5 Internet Explorer5 7.0 或更高版本<br>AMDAthlon™，3.0GHz 或更快的处理器（最低要求）； |
| 处理器 | Intel5 Pentium5 4，3.0GHz 或更快的处理器（推荐）-采用 SSE2 技术 |
| 内存（RAM） | 512MB（最低要求）；2GB 或更大（推荐） |
| VGA 显示器 | 1024×768（真彩色）（最低要求）1280×1024 32 位彩色视频显示适配器（真彩色）（推荐） |
| 图形卡 | 支持 Direct3D95 和 OpenGL5 的图形卡（使用 ShaderModel2） |
| 硬盘 | 11GB 可用于安装的磁盘空间 |
| 定点设备 | Microsoft5 鼠标兼容指针设备 |
| DVD-ROM | 任意速度（仅用于安装）件打印机或绘图仪 |
| 可选硬件 | 调制解调器或其他访问 Internet 连接的设备网络接口卡 |

## 1.6　软件安装

本教程主要介绍 Autodesk Navisworks Manage 2013 软件。准备安装时，应先查看系统要求，了解管理权限要求，找到 Autodesk Navisworks Manage 2013 序列号和产品密钥，并关闭所有正在运行的应用程序。完成这些任务，然后便可开始安装 Autodesk Navisworks Manage 2013。软件安装按照安装向导，点击下一步即可完成。这里不做赘述。

【注意】

1. 建议先安装 Microsoft .Net Framework 4.0，然后再安装该产品。

2. 当在 revit 找不到附加模块选项卡，或者在 CAD 产品中找不到 nwc 导出插件，请执行以下操作：

（1）32 位操作系统：打开计算机"控制面板"→"卸载程序"→左键双击"Navisworks 2013 32 bit Exporter Plug-ins"→"添加或删除功能",见图 1-1（a）,从复选框内选择要安装的插件,单击更新,自动安装插件。

（2）64 位操作系统:打开计算机"控制面板"→"卸载程序"→左键双击"Navisworks 2013 64 bit Exporter Plug-ins"→"添加或删除功能",见图 1-1（b）,从复选框内选择要安装的插件,单击更新,自动安装插件。

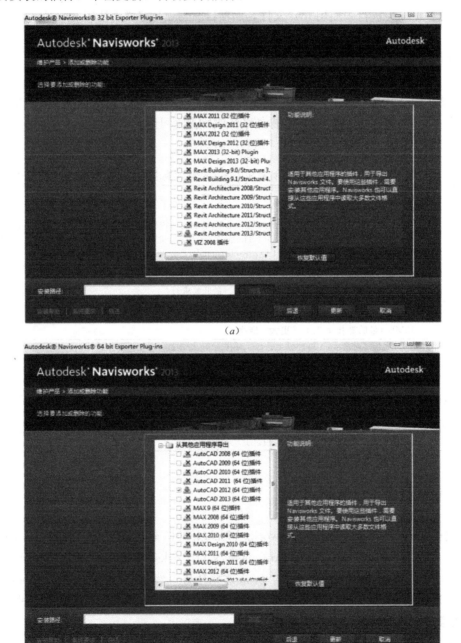

（a）

（b）

图 1-1

【注意】在更新插件的时候要确保原软件安装包位置,否则要手动选择插件安装包。

# 第 2 章　软件界面及环境参数设置

Autodesk Navisworks 界面中包含许多传统的 Windows 元素，例如，应用程序菜单、快速访问工具栏、功能区、可固定的窗口、对话框和快捷菜单，用户可在这些元素中完成任务。Autodesk Navisworks 界面比较直观，易于学习和使用。用户可以根据工作方式来调整应用程序界面。例如，可以隐藏不经常使用的固定窗口，从而避免界面变得杂乱；可以从功能区和快速访问工具栏添加和删除按钮；可以向标准界面应用其他主题；还可以切换回使用旧式菜单和工具栏的经典 Autodesk Navisworks 界面。

## 2.1　软件界面简介

Autodesk Navisworks 的界面主要分为 8 个功能区域（如图 2-1 所示）：①应用程序按钮和菜单；②快速访问工具栏；③信息中心；④功能区；⑤场景视图；⑥可固定窗口；⑦导航栏；⑧状态栏；⑨项目浏览器。

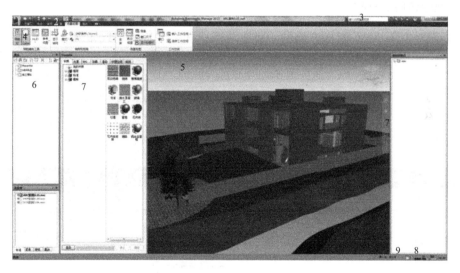

图 2-1

### 2.1.1　应用程序菜单

应用程序按钮和菜单提供了常用的文件操作基本功能，还可以使用更高级的应用工具（如"导入"、"导出"和"发布"）来管理文件。某些应用程序菜单选项具有显示相关命令的附加菜单。要打开应用程序菜单，单击应用程序按钮。再次单击它将关闭应用程序菜单，双击应用程序按钮将退出 Autodesk Navisworks（如图 2-2 所示）。

图 2-2

### 2.1.2　快速访问工具栏

主界面左上角"N"图标右侧的一排工具图标即为"快速访问工具栏"（如图 2-3 所示）。

图 2-3

默认情况下，它包含下列工具（如图 2-4 所示）：

| 选项 | 说明 |
| --- | --- |
| （新建） | 关闭当前打开的文件，并创建新文件。 |
| （打开） | 打开文件。 |
| （保存） | 保存当前文件。 |
| （打印） | 打印当前视点。 |
| （刷新） | 刷新项目中的文件。 |
| （撤销） | 取消上一个动作。 |
| （恢复） | 重做上一个动作。 |
| （选择） | 通过单击鼠标选择项目。 |
| （自定义快速访问工具栏） | 自定义快速访问工具栏中显示的项目。要启用或禁用某个项目，请在"自定义快速访问工具栏"下拉菜单中该项目旁边单击。 |

图 2-4

1. 单击工具栏最右侧的下拉三角箭头，从下拉列表中勾选或取消勾选命令即可显示或隐藏命令。

2. "自定义快速访问工具栏"：从下拉列表中选择"自定义快速访问工具栏"，可以自定义快速访问工具栏中显示的命令及顺序。

3. "在功能区下方显示"：在下拉列表中单击最下方的"功能区下方显示"命令，则"快速访问工具栏"的位置将移动到功能区下方显示，同时命令会变为"在功能区上方显示"，单击可恢复原位。

### 2.1.3　信息中心

主界面右上角为 Autodesk Navisworks "信息中心"，如图 2-5 所示，下面依次简要介绍各个工具的功能用途。

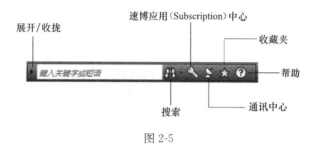

图 2-5

• "搜索" ：在前面的文字框中输入关键字，单击后面的"搜索"即可得到需要的信息。单击文字框最左边的三角箭头，可控制搜索文字框的展开和收拢。

• "速博应用中心" ：针对购买了"Subscription 维护暨服务合约"升级保障的用户，单击即可链接到 Autodesk 公司 Subscription Center 网站，用户可自行下载相关软件的工具插件、可管理自己的软件授权信息等。

• "通讯中心" ：单击可显示有关产品更新和通告的信息链接，可能包括 RSS 提要的链接。收到新的信息时，通讯中心将在"通讯中心"按钮下方显示气泡式信息来通知用户。

• "收藏夹" ：单击可显示保存的主题或网址链接。

• "帮助" ：单击可打开帮助文件。单击后面的下拉三角箭头，可找到更多的教程、新功能专题研习、手册等帮助资源。

### 2.1.4　功能区

"快速访问栏"下方即为 Autodesk Navisworks "功能区"，如图 2-6 所示。"功能区"是创建 Autodesk Navisworks 项目场景所用的所有工具的集合。功能区被划分为多个选项卡，每个选项卡支持一种特定活动。在每个选项卡内，工具被组合到一起，成为一系列基

图 2-6　选项卡面板

于任务的面板。指定要显示的功能区选项卡和面板，在功能区上单击鼠标右键，然后在关联菜单上单击或清除选项卡或面板的名称，Autodesk Navisworks 把这些命令工具按类别分别放在不同的选项卡面板中。

1. 功能区选项卡：Autodesk Navisworks 默认有"主窗口"、"视点"、"审阅"、"动画"、"场景视图"、"输出" 6 个主选项卡。同时还有一个选项卡"项目工具"，当场景选中对象时就会激活该选项卡。

2. 滑出式面板：某些选项卡工具面板标题右侧的下拉箭头表明用户可以展开该面板以显示其他工具和控件。默认情况下，在单击其他面板时，展开的面板会自动关闭。若要使面板处于展开状态，单击滑出式面板左下角的图钉图标（如图 2-7 所示）。

3. 工具启动器：某些选项卡工具面板显示一个与该面板相关的对话框或可固定窗口。面板右下角的工具启动器箭头表示可以显示一个相关的工具。单击该按钮以显示关联的对话框或可固定窗口（如图 2-8 所示）。

图 2-7　滑出式面板

图 2-8　工具启动器

4. 可以根据需要按以下方式自定义功能区：

• 更改功能区选项卡的顺序。单击要移动的选项卡，将其拖到所需位置，然后松开鼠标。

• 更改选项卡中功能区面板的顺序。单击要移动的面板，将其拖动到所需位置，然后松开。

5. 可以控制功能区在应用程序窗口中占用的空间数量。功能区选项卡右侧有两个按钮，用于选择功能区切换状态和功能区最小化状态。

（1）使用第一个按钮可在完全功能区状态与最小化功能区状态之间切换。

（2）使用第二个下拉按钮可以选择其中一种最小化功能区状态（共四种）：

• "最小化为选项卡"：最小化功能区以便仅显示选项卡标题。

• "最小化为面板标题"：最小化功能区以便仅显示选项卡和面板标题。

• "最小化为面板按钮"：最小化功能区以便仅显示选项卡标题和面板按钮。

• "循环浏览所有项"：按以下顺序循环浏览所有四种功能区状态：完整的功能区、最小化为面板按钮、最小化为面板标题、最小化为选项卡。

6. 功能区主要功能快速参考。

- "主窗口"选项卡

| 面板 | 包含用于执行以下操作的工具… |
| --- | --- |
| 项目 | 控制整个场景，包括附加文件和刷新 CAD 文件，重置在 Autodesk Navisworks 中所做的更改，以及设置文件选项。 |
| 选择和搜索 | 通过一系列方法（包括使用搜索）选择场景中的项目并保存选择内容。 |
| 可见性 | 显示和隐藏模型几何图形的项目。 |
| 显示 | 显示和隐藏信息，包括特性和链接。 |
| 工具 | 启动 Autodesk Navisworks 模拟和分析工具。 |

图 2-9

- "视点"选项卡

| 面板 | 包含用于执行以下操作的工具… |
| --- | --- |
| 保存、载入和回放 | 保存、录制、载入和回放保存的视点和视点动画。 |
| 相机 | 向相机应用各种设置。 |
| 导航 | 设置运动的线速度和角速度，选择导航工具和三维限标设置，并应用真实效果设置（如重力和碰撞）。 |
| 渲染样式 | 控制光源设置和渲染设置。 |
| 剖分 | 在三维工作空间中启用视点的交叉剖分。 |
| 导出 | 使用 Autodesk、Presenter 或视口渲染器将当前视图或场景导出为其他文件格式。 |

图 2-10

- "审阅"选项卡

| 面板 | 包含用于执行以下操作的工具… |
| --- | --- |
| 测量 | 测量距离、角度和面积。 |
| 红线批注 | 在当前视点上绘制红线批注标记。 |
| 标记 | 在场景中添加和定位标记。 |
| 注释 | 在场景中查看和定位注释。 |
| 协作 | 通过网络连接与其他 Autodesk Navisworks 用户连接。默认情况下会隐藏此面板。 |

图 2-11

- "动画"选项卡

| 面板 | 包含用于执行以下操作的工具… |
| --- | --- |
| 创建 | 使用动画制作工具创建对象动画，或者录制视点动画。 |
| 回放 | 选择和回放动画。 |
| 脚本 | 启用脚本，或使用动画互动工具创建新脚本。 |
| 导出 | 将项目中的动画导出为 AVI 文件或一系列图像文件。 |

图 2-12

- "场景视图"选项卡

| 面板 | 包含用于执行以下操作的工具… |
| --- | --- |
| 立体 | 启用立体视觉（如果适合的硬件可用）。默认情况下会隐藏此面板。 |
| 导航 | 设置运动的线速度和角速度，选择导航工具和三维限标设置，并应用真实效果设置（如重力和碰撞）。默认情况下会隐藏此面板。 |
| 导航辅助工具 | 打开/关闭导航控件，如导航栏、ViewCube、HUD 元素和参考视图。 |
| 轴网和标高 | 显示或隐藏轴网线并自定义标高的显示方式。 |
| 场景视图 | 控制"场景视图"窗口，包括进入全屏，拆分窗口以及设置背景样式/颜色。 |
| 工作空间 | 控制显示的浮动窗口，以及载入/保存工作空间配置。 |

图 2-13

- "输出"选项卡

| 面板 | 包含用于执行以下操作的工具… |
|---|---|
| 打印 | 打印和预览当前视点，然后设置打印设置。 |
| 发送 | 发送以当前文件为附件的电子邮件。 |
| 发布 | 将当前场景发布为 NWD 文件。 |
| 导出场景 | 将当前场景发布为三维 DWF/DWFx、FBX 或 Google Earth 文件。 |
| 视觉效果 | 输出图像和动画。 |
| 导出数据 | 从 Autodesk Navisworks 导出数据，包括 Clash、TimeLiner、搜索和视点数据以及 PDS 标记。 |

图 2-14

- "项目工具"选项卡

| 面板 | 包含用于执行以下操作的工具… |
|---|---|
| 返回 | 切换回到当前视图中兼容的设计应用程序。 |
| 持定 | 按住选定的项目，以便它们在您围绕场景导航时随您一起移动。 |
| 观察 | 将当前视图聚焦于选定的项目，以及将当前视图缩放到选定的项目上。 |
| 可见性 | 控制选定项目的可见性。 |
| 变换 | 移动、旋转和缩放选定的项目。 |
| 外观 | 更改选定项目的颜色和透明度。 |
| 链接 | 管理附加到选定项目的链接。 |

图 2-15

- "剖分工具"选项卡

| 面板 | 包含用于执行以下操作的工具… |
|---|---|
| 启用 | 启用/禁用当前视点的剖分。 |
| 模式 | 在平面模式和框模式之间切换剖分模式。 |
| 平面设置 | 控制剖面。 |
| 变换 | 移动、旋转和缩放剖面/框。 |
| 保存 | 保存当前视点。 |

图 2-16

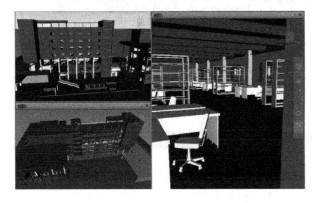

图 2-17

### 2.1.5 场景视图

这是查看三维模型和与三维模型交互所在的区域。

启动 Navisworks 时，"场景视图"默认仅包含一个场景视图，但用户可以根据需要添加更多场景视图。自定义场景视图被命名为"视图 X"，其中"X"表示下一个可用编号（如图 2-17 所示）。

当比较照明样式和渲染样式，创建模型的不同部分的动画等时，同时查看模型的几种视图很有用。

一次只能有一个场景视图处于活动状态。在某个场景视图中工作时，该场景视图就会成为活动的。如果用鼠标左键单击某个场景视图，则会激活该场景视图，且单击的场景视图会被选中，如果单击某个空区域，则会取消选择所有场景视图。在某个场景视图上单击鼠标右键会激活该场景视图并会打开一个快捷菜单。

每个场景视图都会记住正在使用的导航模式。动画的录制和播放仅会在当前活动视图中发生。

可以调整每个场景视图的大小。要调整场景视图的大小，将光标移动到场景视图交点上并拖动分割栏➔。

可以使自定义场景视图成为可固定的。可固定的场景视图有标题栏，且可以像处理可固定窗口一样移动、固定、平铺和自动隐藏它们。如果要使用多个自定义场景视图，但不希望在"场景视图"中有任何拆分，则可以将它们移动到其他位置。例如，可以在"视点"控制栏上平铺场景视图。

【注意】无法浮动默认场景视图。

## 2.1.6　可固定窗口

可固定窗口按照提供功能类型共分为三种：主要工具窗口、与审阅相关的窗口、与视点相关的窗口。从可固定窗口可以访问大多数 Navisworks 功能。

1. 主要工具窗口

使用这些窗口可以访问 Autodesk Navisworks 核心功能：

- Clash Detective——能够有效地确定、检查和报告三维模型的冲突干涉问题。
- TimeLiner——提供四维进度模拟功能。可将各种来源的进度数据导入，与模型中的对象进度任务连接以创建四维模拟。
- Presenter——能够在视图场景中设置更真实的效果渲染材质和光源。
- Animator——在模型中创建动画对象。
- Scripter——向模型中的动画对象添加交互性。
- 外观配置器。

2. 与审阅相关的窗口

- 这些窗口包含执行选择、搜索、审阅操作所需的工具。
- 选择树——用于模型结构中几何图形的选择，提供了"标注"、"紧凑"、"特性"、"集合"四种类型选项卡。
- 集合——可将指定的模型几何图形创建为一个选择类型组。
- 查找项目——根据设置的查询条件，查询相关模型几何图形。
- 选择检验器。
- 特性——查看模型构件的基本参数信息。
- 注释——查看项目中的注释信息。
- 查找注释——根据条件查找项目中的注释信息。
- 测量工具——可以使用测量工具进行线性、角度和面积测量，以及自动测量两个选定对象之间的最短距离。

3. 与视点相关的窗口

这些窗口包含设置和使用视点所需的工具：

- 保存的视点——查看项目中保存的视点。
- 倾斜——调整场景视图中相机视点的倾斜角度，仅限三维工作空间。
- 平面视图——平面缩略视图，显示当前所在位置，仅限三维工作空间。
- 剖面视图——剖面缩略视图，显示当前所在位置，仅限三维工作空间。
- 剖面设置——调整剖面视图中剖切面，仅限三维工作空间。

4. 可固定窗口的位置调整

在 Navisworks 中可固定窗口可以进行移动，调整窗口的大小，以及使窗口浮动在"场景视图"中或将其固定在"场景视图"中（固定或自动隐藏）。固定的窗口与相邻窗口和工具栏共享一条或多条边。如果移动共享边，这些窗口将更改形状以进行补偿。如有必要，也可以在屏幕上的任意位置浮动窗口。

【提示】通过双击窗口的标题栏可以快速固定该窗口或使其浮动。

默认情况下，固定窗口是固定的，这意味着该窗口会保持以其当前尺寸显示，且可以进行移动。自动隐藏窗口并将鼠标指针从窗口移开时，该窗口会缩小为一个显示窗口名称的标签。将鼠标指针移到标签上将在画布上临时显示完全的窗口。自动隐藏窗口可以显示画面的更多内容，同时仍保持窗口可用。自动隐藏窗口还可以防止窗口成为浮动的，防止窗口被分组或取消分组。

浮动窗口是已与程序窗口中分离的一个窗口。可以根据需要围绕屏幕移动每个浮动窗口。尽管无法固定浮动窗口，但可以调整其大小以及对其进行分组。

窗口组让多个窗口在屏幕上占据相同的空间数量的一种方式。对窗口进行分组之后，每个窗口都由组底部的一个标签来代表。在组中，单击标签可显示窗口。可以根据需要对窗口进行分组或取消分组，并保存自定义工作空间。在更改窗口位置之后，可以将设置另存为某个自定义工作空间。

自动隐藏窗口时，窗口会根据画布的某个特定位置（顶部、左侧、右侧或底部）收拢。收拢到哪一侧是由固定位置决定的。例如，如果将窗口固定到画布的左侧，则它会收拢到左侧。

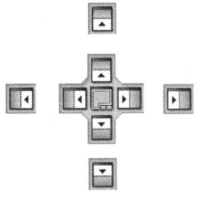

图 2-18

5. 固定工具

可将被拖动的窗口精确定位到所需位置，同时提供了窗口将占据的空间的可视预览。正在移动窗口时以及将鼠标置于其中一个贴纸上时，会显示这些预览（如图 2-18 所示）。

使用固定工具移动窗口的步骤：

- 单击位于窗口顶部或一侧的标题栏，并向要将其固定到的位置拖动它。此操作将激活固定工具。
- 将窗口拖到固定工具上的贴纸时，该贴纸代表需要窗口占据的区域。
- 释放鼠标键以将窗口固定到那里，将自动调整窗口的大小以填充该区域。
- 该工具包含代表放置目标的控件的内部区域和外部区域。内部区域的五个贴纸用于相对于画布上最近的适合区域固定窗口，而外部区域的四个贴纸用于相对于画布本身固定窗口（如图 2-19 所示）。

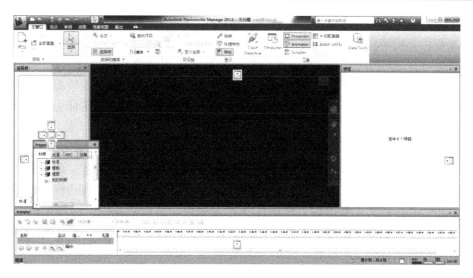

图 2-19

【提示】要快速创建窗口组，将窗口拖到其位置时，请使用位于固定工具中心的贴纸。这适用于画布上除默认场景视图和"倾斜"窗口之外的任何位置。自定义场景视图可以与其他窗口组合到一起。

### 2.1.7　导航栏

导航栏提供了在模型中进行交互式导航和定位相关的工具（包括 Autodesk®、ViewCube®、SteeringWheels® 和 3Dconnexion® 三维鼠标）。可以根据需要显示的内容来自定义导航栏，还可以在"场景视图"中更改导航栏的固定位置（如图 2-20 所示）。

图 2-20

SteeringWheel 工具（也称作控制盘）——常用导航工具结合到一个界面中，从而节省时间。

- 平移工具——平移工具可平行于屏幕移动视图。
- 缩放工具——放大或缩小模型的当前视图比例的一组导航工具。
- 动态观察工具——用于在将视图保持固定的同时，围绕轴心点旋转模型。这些工具在二维工作空间中不可用。
- 环视工具——垂直和水平旋转当前视图的一组导航工具。这些工具在二维工作空间中不可用。
- 漫游和飞行工具——围绕模型移动和控制真实效果设置的一组导航工具。这些工具在二维工作空间中不可用。

### 2.1.8　状态栏

状态栏显示在 Autodesk Navisworks 屏幕的底部。状态栏的右侧有四个性能指示器，

图 2-21

该指示器用于提供有关 Autodesk Navisworks 在计算机上的执行情况的持续反馈但无法自定义或来回移动该窗口（如图 2-21 所示）。

**1. 铅笔进度条**

左侧图标（铅笔）下方的进度条指示当前视图绘制的进度，即当前视点中的忽略量。当进度条显示为 100％时，表示已经完全绘制了场景，未忽略任何内容。在进行重绘时，该图标会更改颜色。绘制场景时，铅笔图标将变为黄色。如果有过多的数据要处理，但是计算机处理数据的速度达不到 Autodesk Navisworks 的要求，则铅笔图标会变为红色，指示出现瓶颈。

**2. 磁盘进度条**

中间图标（磁盘）下方的进度条指示从磁盘中载入当前模型的进度，即载入到内存中的大小。当进度条显示为 100％时，表示包括几何图形和特性信息在内的整个模型都已载入到内存中。在进行文件载入时，该图标会更改颜色。读取数据时，磁盘图标会变成黄色。如果有过多的数据要处理，但是计算机处理数据的速度达不到 Autodesk Navisworks 的要求，则磁盘图标会变为红色，指示出现瓶颈。

**3. 网络服务器进度条**

右侧图标（网络服务器）下方的进度条指示当前模型下载的进度，即已经从网络服务器上下载的当前模型的大小。当进度条显示为 100 ％时，表示整个模型已经下载完毕。在进行文件载入时，该图标会更改颜色。下载数据时，网络服务器图标会变成黄色。如果有过多的数据要处理，但是计算机处理数据的速度达不到 Autodesk Navisworks 的要求，则网络服务器图标会变为红色，指示出现瓶颈。

**4. 内存条**

图标右侧的字段报告了 Autodesk Navisworks 当前使用的内存大小。此内存大小以兆字节（MB）为单位进行报告。

### 2.1.9 项目浏览器

Autodesk Navisworks 从 2012 版本开始，不仅支持了三维模型的审阅，同时支持审阅与模型组合的二维文件和多图纸文件，以提供项目数据的多种表达。支持的二维文件和多页文件格式包括：DWF、DWF（x）和原生文件格式（NWD 和 NWF）。

打开包含多张图纸或多个模型的受支持文件时，默认的图纸或模型会显示在"场景视图"中，并且文件的所有图纸或模型均会列在"项目浏览器"窗口中。如果文件既包含三维模型又包含二维图纸，默认情况下，系统会载入三维模型并将其显示在"场景视图"中。如果不需要二维功能，只需关闭"项目浏览器"窗口并继续在三维工作空间中执行操作（如图 2-22 所示）。

图 2-22

## 2.2 环境参数设置

Autodesk Navisworks 有两种类型的选项："文件选项"和"全局选项"。

### 2.2.1　文件选项

使用此对话框可以控制模型的外观，围绕它导航的速度，还可以创建指向外部数据库的链接并进行配置。

在此对话框中修改任何选项时，会将所做更改保存在当前打开的 Autodesk Navisworks 文件中，且仅应用于此文件。

功能区：配置文件选项的步骤：

- 单击"主窗口"→"项目"→"文件选项"。
- 使用"文件选项"对话框自定义各种文件设置。
- 单击"确定"以保存更改。

菜单："经典"用户界面（如图 2-23 所示）："工具"→"文件选项"。

图 2-23

1. "消隐"选项卡

使用此选项卡可在打开的 Autodesk Navisworks 文件中调整几何图形消隐，调整显示性能。

（1）区域

启用：指定是否使用区域消隐。

指定像素数：为屏幕区域指定一个像素值，低于该值就会消隐对象。例如，将该值设置为 100 像素意味着在该模型内绘制的大小小于 $10 \times 10$ 像素的任何对象会被丢弃。

（2）裁剪平面——近裁剪、远裁剪

- 自动：选择此单选按钮可使 Autodesk Navisworks 自动控制近（远）裁剪平面位置以便能够更好地查看模型。"距离"框变成不可用。
- 受约束：选择此单选按钮可将近（远）裁剪平面约束到在"距离"框中设置的值。

17

Autodesk Navisworks 会使用提供的值，除非这样做会影响性能，例如，使整个模型不可见，这种情况下它会根据需要调整裁剪平面位置。

- 固定：选择此单选按钮可将近（远）裁剪平面设置为在"距离"框中提供的值。
- 距离：在受约束模式下设置相机与近（远）裁剪平面位置之间的最远距离；在固定模式下设置相机与近（远）裁剪平面位置之间的精确距离。

（3）背面

为所有对象提供背面消隐设置功能。

- 关闭：关闭背面消隐功能。
- 立体：仅为模型实体对象打开背面消隐。这是默认选项。
- 打开：为所有对象打开背面消隐功能。

【提示】如果可以看穿某些对象，或者缺少某些对象部件，请关闭背面消隐；如果要恢复默认值，单击"重置为默认值"按钮。

2. "方向"选项卡

使用此选项卡可调整模型的真实世界方向坐标值。

（1）向上 X，Y，Z

指定 X、Y 和 Z 坐标值。默认情况下，Autodesk Navisworks 会将正 Z 轴作为"向上"。

（2）北方 X，Y，Z

指定 X、Y 和 Z 坐标值。默认情况下，Autodesk Navisworks 会将正 Y 轴作为"北方"。

【提示】如果要恢复默认值，单击"默认值"按钮。

3. "速度"选项卡

使用此选项卡可调整帧频速度以提高在导航过程中平滑度。

帧频：指定在"场景视图"中每秒渲染的帧数（FPS）。默认设置为 6。可以将帧频设置为 1 帧/秒至 60 帧/秒之间的值。减小该值可以减少忽略量，但会导致在导航过程中出现不平稳移动。增大该值可确保更加平滑的导航，但会增加忽略量。

【提示】若要恢复默认值，单击"默认值"按钮。

4. "头光源"选项卡

使用此选项卡可为"顶光源"模式更改场景的环境光和顶光源的亮度。

- 环境光：使用该滑块可控制场景的总亮度。
- 头光源：使用该滑块可控制位于相机上的光源的亮度。

【注意】要看到所做更改对"场景视图"中的模型所产生的效果，应用"头光源"模式。

5. "场景光源"选项卡

使用此选项卡可为"场景光源"模式更改场景的环境光的亮度。

- 环境光：使用该滑块可控制场景的总亮度。

【注意】要看到所做更改对"场景视图"中的模型所产生的效果，应用"场景光源"模式。

6. "DataTools"选项卡

使用此选项卡可在打开的 Autodesk Navisworks 文件与外部数据库之间创建链接并进

行管理。

• DataTools 链接：显示 Autodesk Navisworks 文件中的所有数据库链接。选中该链接旁边的复选框可将其激活。

【注意】如果要恢复默认值，单击"默认值"按钮。

### 2.2.2　全局选项

使用"选项编辑器"可为 Autodesk Navisworks 任务调整程序设置。

在"选项编辑器"中设置的设置在所有 Autodesk Navisworks 任务间是永久性的。还可以将修改的设置与团队中的其他成员共享。

所有选项显示在分层树结构中。单击会展开这些节点，单击会收拢这些节点。

功能区：应用程序按钮→"选项"快捷菜单，如图 2-24 所示；"场景"右键→"全局选项"→"选项编辑器"。

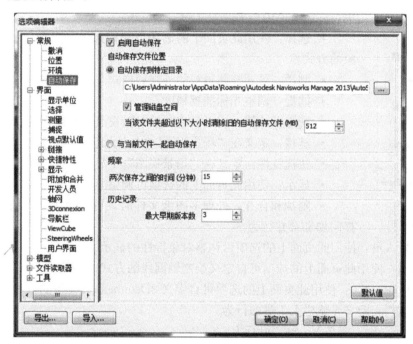

图 2-24

• 导出：显示"选择要导出的选项"对话框，可以在其中选择要导出（或"序列化"）的全局选项。

• 导入：显示"打开"对话框，可以在其中浏览到具有所需全局选项设置的文件，并将其导入。

• 确定：保存这些更改，然后关闭"选项编辑器"。

• 取消：放弃这些更改，然后关闭"选项编辑器"。

• 帮助：显示上下文相关帮助。

1."常规"节点

使用此节点中的设置可以调整缓冲区大小、文件位置、希望 Autodesk Navisworks 存储的最近使用的文件快捷方式的数量以及自动保存选项（如图 2-25 所示）。

  • 撤销：指定 Autodesk Navisworks 为保存撤销/恢复操作分配的空间量。

图 2-25

  • 位置：使用此页面上的选项可以与其他用户共享全局 Autodesk Navisworks 设置、工作空间、DataTools、体现、Clash Detective 规则、Presenter 归档文件、自定义 Clash Detective 测试、对象动画脚本等等。

  • 环境：使用此页面上的设置可调整 Autodesk Navisworks 存储的最近使用的文件快捷方式的数量。

  • 自动保存：使用此页面上的设置可调整自动保存选项。

  2. "界面"节点

  使用此节点中的设置可自定义 Autodesk Navisworks 界面（如图 2-26 所示）。

  • 显示单位：使用此页面可自定义 Autodesk Navisworks 使用的单位。

  • 选择：使用此页面上的选项可配置选择和高亮显示几何图形对象的方式。

  • 测量：可调整测量线的外观和样式。

  • 捕捉：调整光标捕捉精度。

  • 视点默认值：定义创建属性时随视点一起保存的属性。

  • 链接：定义在"场景视图"中显示链接的方式。

  • 快捷特性：定义在"场景视图"中显示快捷特性的方式。

  • 显示：使用此页面上的选项可调整显示性能。

  • 附加和合并：处理多图纸文件时，可以使用此页面上的选项选择附加和合并行为。

图 2-26

  • 开发人员：使用此页面上的选项可调整对象特性的显示。

  • 轴网：使用此页面上的选项可自定义绘制轴网线的方式。

  • 3Dconnexion：使用此页面上的选项可自定义 3Dconnexion 设备的行为。

  • 导航栏：定义导航栏上工具的行为。

  • ViewCube：定义 ViewCube 行为。

  • SteeringWheels（也称作控制盘）：定义 SteeringWheels 菜单。

  • 用户界面：可选择用户界面（标准或经典）并选择颜色主题。

  3. "模型"节点

  使用此节点中的设置可优化 Autodesk Navisworks 性能，并为 NWD 和 NWC 文件自定义参数（如图 2-27 所示）。

  • 性能：使用此页面上的选项可优化 Autodesk Navisworks 性能。

  • NWD：使用此页面上的选项可启用和禁用几何图形压缩并选择在保存或发布 NWD 文件时是否降低某些选项的精度。

  • NWC：使用此页面上的选项可管理缓存文件（NWC）的读取和写入性能。

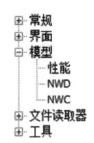

图 2-27

4. "文件读取器" 节点

使用此节点中的设置可配置在 Autodesk Navisworks 中打开原生 CAD 和扫描应用程序文件格式所需的文件读取器（如图 2-28 所示）。

5. "工具" 节点

使用此节点中的设置可调整 "Clash Detective"、"Presenter"、"TimeLiner"、"动画互动工具（Scripter）" 和 "Animator" 的选项（如图 2-29 所示）。

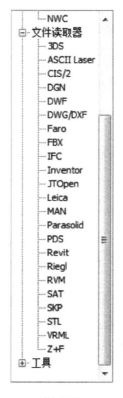

图 2-28

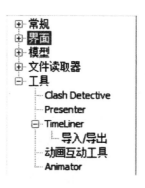

图 2-29

# 第 3 章　浏览模型及相关设置

目的：通过演示实例，掌握 Navisworks 软件打开、附加、合并保存模型文件的操作方法、场景视图的调整方法、附加模型文件的定位调整等方面的功能。

## 3.1　模型文件的打开方式

Navisworks 软件有两种方式打开模型文件：
- 点击应用程序按钮→"打开📂"→选择"＊.＊"文件。
- 点击快速访问工具栏中 ▰▰▰▰▰▰▰▰▰▰ 的按钮📂选择"＊.＊"文件。

## 3.2　附加其他格式模型文件

附加其他格式模型文件有三种操作方式：

图 3-1

- 点击应用程序按钮▰→"打开📂"→"附加📄"→选择"＊.＊"文件。
- 点击快速访问工具栏中 ▰▰▰▰▰▰▰▰▰▰ 的按钮📂下拉菜单→选择"附加📄"→选择"＊.＊"文件。
- 点击"主窗口"选项卡→"附加"→选择"＊.＊"文件（如图 3-1 所示）。

合并其他格式模型的操作跟附加一样，在此不赘述。

附加与合并的区别：

附加操作会保留重复的内容，而合并操作会删除重复的内容，例如几何图形和标签。

## 3.3　ViewCube 工具的使用

Navisworks 软件中提供了 ViewCube 导向浏览工具，使用它可在各个方向视点观察浏览模型（如图 3-2 所示）。

ViewCube 工具在所有场景视图中是一个永存工具，默认状态下它将位于"场景视图"的右上角，且处于不活动状态。ViewCube 工具在视图发生更改时可提供有关模型当前视点的直观反映。将光标放置在 ViewCube 工具上后，ViewCube 将变为活动状态。可以通过拖动或鼠标右键单击 ViewCube，来切换到可用预设视图之一、滚动当前视图或更改为模型的主视图。在"视图"选项卡导航辅助工具中，可打开、关闭 ViewCube 工具。

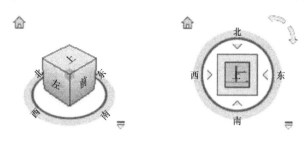

图 3-2

## 3.4　使用剖分工具浏览模型

Navisworks 软件可在当前"场景视图"中创建模型各位置的剖分平面，查看项目模型的内部构造。通过单击"视点"→"剖分"→"启用剖分"可为当前视点打开和关闭剖分。打开剖分时，会在功能区上自动显示剖分工具选项卡。

"剖分工具"选项卡"模式"面板中有两种剖分模式："平面"和"框"。

1. "平面"

使用"平面"模式最多可在任何平面中生成六个剖面，同时仍能够在场景中导航，从而无须隐藏任何项目即可查看模型内部。默认情况下，剖面是通过模型可见区域的中心创建的。

第一次使用平面创建三维模型的横截面的步骤：

单击"视点"→"剖分"→"启用剖分"。将在功能区中增加"剖分工具"选项卡，并在"场景视图"模型中默认绘制一个平面剖面。平面 1 的默认对齐为"顶部"，默认位置处于模型的可视区域的中心。"移动"是默认的小控件（如图 3-3 所示）。

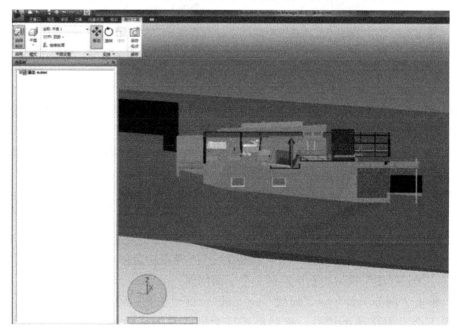

图 3-3

根据需要拖动小控件以定位当前平面。

可选：单击"剖分工具"→"保存"→"保存视点"以保存当前剖分的视点。

可以为当前剖面选择一种不同的对齐。可供选择的对齐方式有 6 种固定对齐：顶部、底部、前面、后面、左侧、右侧，以及 3 种自定义对齐：与视图对齐、与曲面对齐、与线对齐（如图 3-4 所示）。

图 3-4

可以移动和旋转剖面，但无法缩放剖面（如图 3-5 所示）。

图 3-5

可以将多个平面链接到一起使它们作为一个整体移动，并能够实时快速切割模型。

2. "框"

"框"模式能够将审阅集中于模型的特定区域和有限区域。第一次创建剖面框时，框的默认大小取决于当前视点的范围。会创建该框以填充视图，这样不会将框的任何部分绘制到屏幕之外。之后，启用剖面框会还原保存的位置、旋转和所使用的比例信息（如果对当前视点可用）。

第一次使用框创建三维模型的横截面的步骤：

（1）单击"视点"→"剖分"→"启用剖分"。将在功能区中增加"剖分工具"选项卡，并在"场景视图"模型中默认绘制一个平面剖面。

（2）单击"剖分工具"→"模式"→"框"。框现在是以可视方式在屏幕上显示的，默认情况下会启用移动小控件。拖动小控件会沿着轴创建模型的剖面框（如图 3-6 所示）。

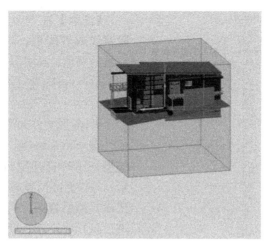

图 3-6

可选：单击"剖分工具"→"保存"→"保存视点"以保存当前剖分的视点。根据需要拖动小控件或面以移动、旋转和缩放框（如图 3-7 所示）。

图 3-7

## 3.5　使用多页文件浏览模型

在软件界面中介绍了项目浏览器，下面利用项目浏览器支持的多页文件浏览 BIM 模型。

1. 从 Revit 中导出 dwf(x) 文件

首先确定要导出的图纸，并把每个图纸的视觉样式都调整为隐藏线，并关闭阴影（如图 3-8 所示）。

单击 revit 的功能菜单 →"导出"→"dwf/dwfx"，打开 DWF 导出设置，在视图/图纸选项卡中设置导出（E）"任务中的视图/图纸集"，设置按列表显示（S）"模型中的所有视图和图纸"。在列表框前面的复选框选择需要的图纸，完成 dwf(x) 导出的所有设置（如图 3-9 所示）。

图 3-8

图 3-9

25

缩略视图　列表视图

导入图纸和模型

图 3-10

【注意】在 revit 图纸的视觉样式中选择隐藏线或者线框，隐藏线效果最佳。着色、一致的颜色、真实等视觉样式导出的 dwf(x) 在 Navisworks 中不能很好地按照构件进行分级。

2. 多页文件的浏览

在 Navisworks 中打开导出的 dwf(x) 模型，同时打开项目浏览器（如图 3-10 所示），在项目浏览器的右上角有三个按钮，依次是缩略视图、列表视图、导入图纸和模型。从功能上看，项目浏览器不仅是浏览文件的窗口，更是支持多文件打开的窗口。浏览模型或图纸可以单击缩略视图或列表视图窗口中的图纸或模型直接对项目进行查看。

也可以通过软件界右下角项目浏览器按钮左侧的上下页跳转按钮，按顺序查看图纸或模型（如图 3-11 所示）。

第 1 张，共 10 张

图 3-11

3. 在其他图纸中查找项目

Navisworks 跟 Revit 紧密配合关联的有构件的元素 ID，有软件自带的 Switch Back 插件。通常要在其他图纸中查看项目，大多数采用元素 ID 或者 Switch Back 插件。在 Navisworks 中图纸与模型之间的关联查看：

（1）从项目中导出 NWC 模型与 DWF 多页文件。打开 NWC 模型并附加（合并）DWF 文件。

【注意】这里打开 NWC 模型与 DWF 文件顺序的不同，在场景视图会出现两种结果。主要是由于 NWC 模型与 DWF 文件的三维模型的 Z 轴方向定义不一致导致。Navisworks 会按照先导入的模型的坐标轴定义导航 ViewCube 的基准方向，用 NWC 模型与 DWF 文件整合主要是为了查看平面图纸，所以这里先导入 NWC 模型。

（2）准备模型和图纸。要在其他图纸和模型中查找项目，只有准备好模型和图纸才能被查找。在项目浏览器窗口中，图纸后面带有刷新符号 ，该符号表示该图纸或模型未被准备好，单击该符号即可准备图纸或模型。

（3）基于以上两个步骤可以在其他图纸或模型中查找当前选中对象。操作步骤：

选中对象→右键菜单"在其他图纸和模型中查找项目"→选择图纸或模型→点击"查看"（如图 3-12 所示），此时场景视图自动打开选中的图纸或模型，并高亮选中相同对象。

【思考】如何利用项目浏览器在二维图纸上做碰撞检测？

图 3-12

## 3.6　设置场景视图样式和视点渲染样式

### 3.6.1　场景视图样式

1. 创建自定义场景视图

要水平拆分活动场景视图，单击"视图"→"场景视图"→"拆分视图"→"水平拆分"。

要垂直拆分活动场景视图，单击"视图"→"场景视图"→"拆分视图"→"垂直拆分"。

2. 打开/关闭"全屏"模式

单击"视图"→"场景视图"→"全屏"。

可通过键盘 F11 快捷键对全屏显示状态进行切换。

要在全屏场景视图中与模型交互，可以使用 ViewCube、导航栏、键盘快捷键和快捷菜单。如果使用两个显示器，则会自动将默认场景视图放置在主显示器上，且可以将该界面放置到辅助显示器上以控制交互。

3. 调整活动场景视图内容大小

单击"视图"→"场景视图"→"窗口尺寸"→"类型"，在下拉列表中选择调整大小类型（如图 3-13 所示）。

使用视图：使内容填充当前活动场景视图。

显式：为内容定义精确的宽度和高度。

使用纵横比：输入高度时，使用当前场景视图的纵横比自动计算内容的宽度，或者输入宽度时，使用当前场景视图的纵横比自动计算内容的高度。

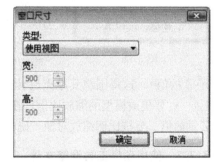

图 3-13

【注意】如果选择了"显式"选项，以像素为单位输入内容的宽度和高度；如果选择了"使用纵横比"，以像素为单位输入内容的宽度或高度。

27

4. 修改场景视图背景

点击"视图"→"场景视图"→"背景"→"背景设置",修改显示状态。

在场景视图中单击鼠标右键选择"背景",在"背景设置"窗口内修改显示状态。

显示标题栏点击"视图"→"场景视图"→"显示标题栏",控制所有场景视图标题栏的显示状态。

### 3.6.2 设置视点渲染样式

在功能区"视点"选项卡中"渲染样式"面板,提供了"光源"、"模式"、"曲面"、"线"、"点"、"捕捉点"、"三维文字"等功能选项,用户可通过这些选项调整"场景视图"和模型的显示状态。

Navisworks 软件中提供了"全光源"、"场景光源"、"光源"、"无光源"四种光源环境状态,"完全渲染"、"着色"、"线框"、"隐藏线"四种模型显示模式,各类光源环境状态只能应用在"完全渲染"和"着色"模型显示模式中。

## 3.7 调整文件单位和变换

对于每个附加的文件,可以更改文件单位,还可以修改模型的旋转、原点和缩放。建议用户首先调整文件单位,然后再尝试解决模型对齐问题。

图 3-14

### 3.7.1 更改已载入文件中的文件单位

右键单击"选择树"中所需的文件,然后右键选择"单位和变换"。在"单位和变换"对话框中的"单位"下拉列表中选择所需的格式,单击"确定"(如图 3-14 所示)。

### 3.7.2 更改已载入文件中的文件变换

• 右键单击"选择树"中所需的文件,然后右键选择"单位和变换"。

• 要移动模型的位置,在"文件单位和变换"对话框中的"原点"区域,输入 X、Y 和 Z 轴的值。如果使用负缩放,选中"反射变换"复选框。

• 要更改模型的旋转,在"文件单位和变换"对话框的"旋转"区域中,输入旋转角度,并选择旋转轴(通过键入大于 0 的值)。这将围绕其原点旋转模型。

• 要更改模型的缩放比例,在"单位和变换"对话框的"比例"区域中,输入 X、Y 和 Z 轴的值。要按比例缩放对象,确保 X、Y 和 Z 值相等。输入负值将从内向外翻转模型。

### 3.7.3 使用项目工具调整文件

1. 移动对象

(1) 使用小控件移动对象

在"场景视图"中选择要移动的对象。单击"项目工具"→"变换"→"移动"。

28

使用移动小控件调整当前选定对象的位置

- 要移动当前选定的所有对象，将鼠标放在所需轴末端的方块上。当光标变化时，拖动屏幕上的方块以沿该轴增加/减少平移。
- 要同时沿多个轴移动对象，在所需轴之间拖动方形框。
- 通过拖动移动小控件中间的黄色方块，可以将此中心点捕捉到模型中的其他几何图形。
- 要移动小控件本身而不是选定对象，按住 Ctrl 键的同时拖动所需轴末端的方块。
- 要将移动小控件捕捉到其他对象，按住 Ctrl 键的同时拖动该小控件中间的黄色方块。

对于点到点平移，按住 Ctrl 键，然后使用中心方块将小控件拖动到起点。然后，在释放 Ctrl 键后，再次拖动该方块以将对象移到终点。

（2）通过数值方式移动对象

- 在"场景视图"中选择要移动的对象。
- 单击"项目工具"选项卡，然后滑出"变换"面板。

（3）向手动输入框中键入数值以便按输入的数字移动对象

- 位置 X、Y、Z 表示采用当前模型单位的平移距离。
- 变换中心 X、Y、Z 表示变换中心点。

2. 旋转对象

（1）使用小控件旋转对象

在"场景视图"中选择要旋转的对象。单击"项目工具"→"变换"→"旋转"。

使用该小控件旋转当前选定的对象：

- 要旋转当前选定对象，首先需要定位旋转原点（中心点）。为此，将鼠标放在所需轴末端的方块上。当光标变化时，拖动屏幕上的方块以沿该轴增加/减少平移。这将移动该小控件本身。
- 通过拖动旋转小控件中间的黄色方块，可以在周围移动，并将其捕捉到其他几何图形对象上的点。
- 正确定位旋转小控件后，将鼠标放在中间的某条曲线上，然后在屏幕上拖动它，以旋转选定对象。曲线是采用颜色标识的，并与用于旋转对象的轴的颜色匹配。因此，假设拖动 X 轴和 Y 轴之间的蓝色曲线，则会围绕蓝色 Z 轴旋转对象。
- 要将该小控件的方向旋转到任意位置，按住 Ctrl 键的同时拖动中间三条曲线中的某条曲线。
- 要将小控件捕捉到其他对象，按住 Ctrl 键的同时拖动该小控件中间的黄色方块。

（2）通过数值方式旋转对象

在"场景视图"中选择要旋转的对象。单击"项目工具"选项卡，然后滑出"变换"面板。

向手动输入框中键入数值以便按输入的数字移动对象：

- 旋转 X、Y、Z 表示采用当前模型单位的旋转角度。
- 变换中心 X、Y、Z 表示旋转中心点。

3. 缩放调整对象

（1）使用小控件缩放调整对象大小

在"场景视图"中选择要调整大小的对象。单击"项目工具"→"变换"→"旋转"。

使用缩放小控件调整当前选定对象的大小：

• 要调整所有当前选定对象的大小，将鼠标放在七个方块中的某个方块上。在光标变化时，拖动屏幕上的方块以修改对象的大小。通常，向上或向右拖动方块会增加大小，向下或向左拖动方块会减小大小。

• 要只通过单个轴调整对象的大小，使用轴端点的彩色方块。要同时通过两个轴调整对象的大小，使用轴中间的黄色方块。最后，要同时通过三个轴调整对象的大小，使用小控件中心的方块。

• 可以修改缩放中心。为此，将鼠标放在小控件中间的方块上，然后按住 Ctrl 键的同时在屏幕上拖动该方块。

（2）通过数值方式缩放调整对象大小

在"场景视图"中选择要调整大小的对象。单击"项目工具"选项卡，然后滑出"变换"面板。向手动输入框中键入数值以便按输入的数字移动对象：

• 比例 X、Y、Z 表示缩放系数（1 表示当前大小，0.5 表示一半，2 表示两倍，依此类推）。

• 变换中心 X、Y、Z 表示缩放中心点。

# 3.8 文件保存

Navisworks 软件提供了 NWD 和 NWF 两种文件存储格式，在保存文件时可以在 NWD 和 NWF 文件格式之间进行选择，并且可以保存为 2011 和 2012 版本的 NWD、NWF 格式文件。同时提供了项目文件发布功能，可对 NWD 文件进行安全设置，保证数据安全。这两个格式均存储审阅标记，但 NWD 文件存储文件几何图形，而 NWF 文件仅存储指向原始文件的链接，这使 NWF 文件的体积非常小。此外，在打开 NWF 文件时，Navisworks 会自动重新载入所有已修改的文件，这意味着几何图形始终最新，即使对于最复杂的模型也是如此。

通常情况下，使用 NWF 文件格式保存将所有模型文件整合到一起创建的场景；而需要当前项目文件的快照时，使用 NWD 文件格式。当需要与其他人共享创建的场景并审阅标记时，最好提供发布的 NWD 文件，其中包含其他功能，如密码保护和文件到期日期（如图 3-15 所示）。

图 3-15

# 第4章　功能详解及案例应用

目的：通过演示实例，掌握 Navisworks 软件渲染、动画、漫游、脚本、施工模拟以及碰撞检测等方面的功能。

## 4.1　快速渲染

Navisworks 软件 Presenter 工具提供了大量的纹理材质和光源效果，用户可使用"Presenter"制作出真实照片级丰富内容（RPC）和背景效果应用于模型。

### 4.1.1　Presenter 窗口

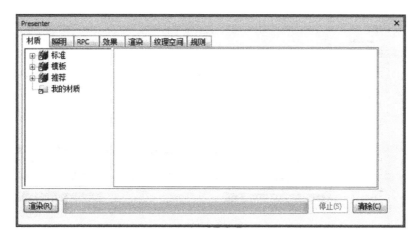

图 4-1

"Presenter"工具窗口包含下列选项卡：

• 材质。包含各种材质，可以选择这些材质并将其应用于单个模型项目或模型项目组。还可以使用该选项卡创建新材质，或自定义现有材质。

• 照明。包含各种光源选项，可以选择这些选项并将其应用于模型。还可以根据需要自定义光源选项。

• RPC。包含真实照片级丰富内容（RPC），可以从包括网站在内的各种源添加RPC。RPC 可以包括人物、树、汽车等图像。

• 效果。包含各种背景和环境，可以选择它们并将其应用于模型场景。可以自定义某些现有背景，也可以创建新背景。还可以从其他源（如网站）添加背景和环境。

• 渲染。包含各种渲染样式，可以选择它们并将其应用于模型。渲染样式会影响渲染场景的方式。还可以使用此选项卡创建新渲染样式，或自定义现有的渲染样式。

• 纹理空间。将纹理应用于模型项目的方式。例如，将柱形纹理空间应用于管道将生成更自然的效果。

• 规则。按照用户定义的条件将材质应用于模型。例如，可以使用规则快速将材质应用于项目组。

"材质"、"照明"、"效果"和"渲染"选项卡分为两个窗格。左侧窗格包含归档文件，右侧窗格包含选项板，用于定义场景中使用的材质、照明、效果和渲染样式。归档文件以树结构显示，并用 LightWorks Archive（.lwa）格式定义。

### 4.1.2 添加模型材质

1. 外饰部分添加材质

在场景视图中调整模型视角，以便选取需要添加材质的模型构件。

点击"主窗口"→"工具"→"Presenter"工具，打开"Presenter"工具窗口。

点击"材质"选项卡在材质归档文件窗格中打开"标准—建筑物—墙壁—瓷砖"在场景视图中右键鼠标将模型选取精度为"最高级的对象"，同时选择需要应用材质的模型构件，点击"主窗口"→"选择相同项目"→"同名"（如图 4-2 所示）。

图 4-2

将材质归档文件窗格中"标准—建筑物—墙壁—瓷砖—白色瓷砖"拖放至右侧"选项板"窗格内。鼠标右键单击"选项板"窗格内"白色瓷砖"，在菜单中选择"应用到所选项目"（如图 4-3 所示）。

图 4-3

鼠标右键单击"选项板"窗格内"白色瓷砖"，在菜单中选择"编辑"，将材质宽度和材质高度修改为 0.6m，点击"确认"。点击键盘"ESC"取消模型构件选中状态（如图 4-4 所示）。

在场景视图中选择需要应用材质的模型构件。

将材质归档文件窗格中"建筑物—墙壁—瓷砖—充气瓷砖"拖放至右侧"选项板"窗格内。鼠标右键单击"选项板"窗格内"充气瓷砖"，在菜单中选择"应用到所选项目"。

在场景视图中选择需要应用材质的模型构件。

选择需要应用材质的模型构件，点击"主窗口"→"选择相同项目"→"同名"。

将材质归档文件窗格中"建筑物—墙壁—瓷砖—斑点瓷砖"拖放至右侧"选项板"窗格内。鼠标右键单击"选项板"窗格内"斑点瓷砖"，在菜单中选择"应用到所选项目"（如图 4-5 所示）。

图 4-4

2. 添加墙体材质

在场景视图中选择需要应用材质的模型构件。

将材质归档文件窗格中"标准—建筑物—墙壁—壁纸遮盖物—缎光油漆—复合"拖放至右侧"选项板"窗格内（如图 4-6 所示）。

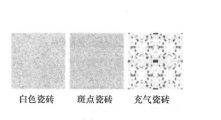

图 4-5

图 4-6

选择需要应用材质的模型构件，点击"主窗口"→"选择相同项目"→"同名"。

鼠标右键单击"选项板"窗格内"缎光油漆—复合"，在菜单中选择"应用到所选项目"。

3. 添加屋顶材质

在场景视图中选择模型屋顶构件。

将材质归档文件窗格中"标准—建筑物—屋顶—屋瓦—木瓦—橙色条纹状木瓦"拖放至右侧"选项板"窗格内，鼠标右键单击"选项板"窗格内"橙色条纹状木瓦"，在菜单中选择"应用到所选项目"（如图 4-7 所示）。

4. 添加室外地坪材质

在场景视图中选择模型室外地坪构件。

将材质归档文件窗格中"标准—建筑物—铺路材料及地板材料—铺路材料—红色铺路材料"拖放至右侧"选项板"窗格内。鼠标右键单击"选项板"窗格内"红色铺路材料"，在菜单中选择"应用到所选项目"（如图 4-8 所示）。

33

图 4-7                                                    图 4-8

5. 添加窗户玻璃材质

将材质归档文件窗格中"标准—玻璃—半透明实心玻璃"拖放至右侧"选项板"窗格内（如图 4-9 所示）。

图 4-9

图 4-10

在场景视图中将模型选取精度为"几何图形"，同时选择窗户中的玻璃构件，点击"主窗口"→"选择相同项目"→"选择相同的材质"。鼠标右键单击"选项板"窗格内"半透明实心玻璃"，在菜单中选择"应用到所选项目"。

6. 添加大门材质

将材质归档文件窗格中"标准—金属—铝—拉丝铝"拖放至右侧"选项板"窗格内（如图 4-10 所示）。

在场景视图中将模型选取精度为"几何图形"，同时选择大门门框构件，鼠标右键单击"选项板"窗格内"拉丝铝"，在菜单中选择"应用到所选项目"。

### 4.1.3 预览模型渲染效果

模型材质添加完毕后，可以对场景视图进行渲染预览，检查材质应用效果。

调整场景视图模型视点角度；

点击"视图"→"工作空间"→"窗口"→"保存的视点";

在"保存的视点"窗口中右键单击鼠标选择"保存视点",保存以调整好的模型视点,方便以后调取。

在"Presenter"工具窗口中点击"渲染"按钮,预览渲染效果。

### 4.1.4  调整室外光源

在场景视图中,由于模型观察视点位置不同,需要调整当前模型的室外光源角度。

在"Presenter"工具窗口右下角点击"清除"按钮,取消预览渲染效果状态;

在场景视图中调整模型视点角度,选择合适的光源角度;

点击"Presenter"工具窗口"照明"选项卡,鼠标右键单击"选项板"窗格内"远距光源 1",在菜单中选择"相机位置"(确定室外光源位置);

在"保存的视点"窗口中点击保存的视点;

在"Presenter"工具窗口中点击"渲染"按钮,预览渲染效果(如图 4-11 所示)。

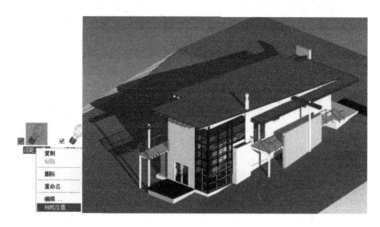

图 4-11

### 4.1.5  调整渲染模型背景效果

在"Presenter"工具窗口右下角点击"清除"按钮,取消预览渲染效果状态;

点击"Presenter"工具窗口"效果"选项卡将光源归档文件窗格中"推荐—背景—天空—山上的云"拖放至右侧"选项板"窗格内;

在"Presenter"工具窗口中点击"渲染"按钮,预览渲染效果(如图 4-12 所示)。

### 4.1.6  渲染图参数设置及导出

若当前场景视图中的渲染效果已满足要求,则可通过以下操作保存渲染效果图。

点击应用程序按钮"导出→图像与动画→已渲染图像";

在"导出已渲染图像"窗口中选择"JPEG",点击"浏览"设置保存路径及文件名称;"尺寸—类型"选择"使用纵横比"将"尺寸—高度"修改为"768"→"确认"(如图 4-13 所示)。

【注意】用户可根据需要选择图片格式和图片尺寸。

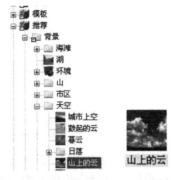

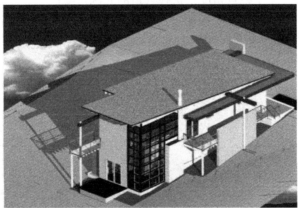

图 4-12

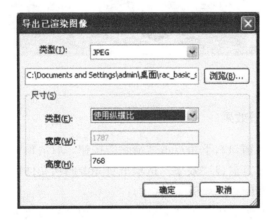

图 4-13

## 4.1.7 场景图参数设置及导出

用户若需要保存不进行渲染的场景视图，可通过以下操作。

点击应用程序按钮"导出"→"图像与动画"→"图像"；

在"导出图像"窗口中选择"JPEG"，点击"浏览"设置保存路径及文件名称；"尺寸—类型"选择"使用纵横比"将"尺寸—高度"修改为"768"（此模式下仅支持 JPEG、PNG 及 Windows 位图格式图片）。

点击"选项—反锯齿"下拉菜单"16x","确认"(如图 4-14 所示)。

【注意】反锯齿参数大小直接影响图片质量。

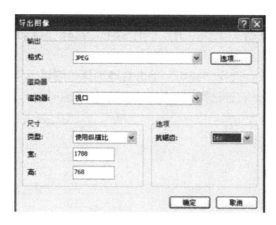

图 4-14

## 4.2　动画制作

在 Navisworks 中动画原理跟常规的关键帧动画相似,本节内容对于做过关键帧动画的读者而言简单易懂。本节内容由简到繁,便于没有基础的读者也可以轻松学会。

在 Autodesk Navisworks 中的动画主要有四种,视点动画、场景动画(Animator)、脚本动画、施工模拟动画。本节主要着重讲解前面三种动画的制作方法以及技巧,下一节会详细介绍施工模拟动画。

### 4.2.1　视点动画

在 Navisworks 中视点动画有两种:录制的漫游动画和组合视点的视点动画。两种动画制作起来都相对比较简单(如图 4-15 所示)。

单击保存视点下拉箭头,选择录制选项或在动画选项卡中点击录制选项。这时在选项卡上会出现"暂停"、"停止"选项,在"场景"中进行漫游。完成后,单击"停止"按钮,软件自动保存动画,这时点击播放按钮就可以播放录制好的漫游动画。

"暂停"选项可以在动画中暂停录制,相当于在动画中添加剪辑视点,剪辑视点即在当前视点停顿。

图 4-15

如想找到这段录好的漫游动画,可以在"保存的视点" 下拉菜单中找到,也可单击"保存的视点对话框启动器" ,在"保存的视点"窗口中的列表里找到并作相应修改。

组合视点动画须将用户需要的各个视点保存,在"保存的视点"窗口里可以看到相应的保存的视点。右键单击"保存的视点"窗口的空白部分,在弹出的右键菜单中选择"添加动画",将原先保存的视点全部选中拖进新建的动画里,组合视点动画完成,单击播放即可。

如需在特殊的视点进行停顿或延时显示，可在某视点下单击右键选择“添加剪辑”，这时会有“剪切”的标示出现，播放动画时，可看到在这个视点下画面停顿延时。在这里有个小技巧，当用户添加剪辑后，会发现动画在延长停顿后画面不连贯、跳跃播放等，这时只要将所剪辑的视点复制一个到“剪切”标示下，这样“剪切”夹在两个相同的视点中，动画就会流畅播放了。

若想修改延长的秒数，选择“剪切”单击右键选择“编辑”修改。若想修改动画整体播放时间，选中“动画”，右键选择“编辑”即可调整动画时间。

### 4.2.2 场景动画

Animator 窗口

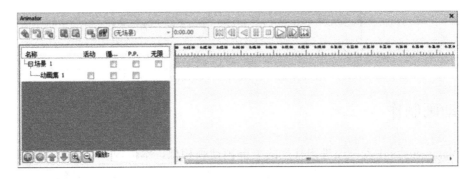

图 4-16

快速参考：

| 控件 | 用途 |
| --- | --- |
| | 使“Animator”处于平移模式。“平移”小控件会显示在“场景视图”中，并使您能够修改几何图形对象的位置。从工具栏中选择其他对象操作模式之前，该模式一直处于活动状态。 |
| | 使“Animator”处于旋转模式。“旋转”小控件会显示在“场景视图”中，并使您能够修改几何图形对象的旋转。从工具栏中选择其他对象操作模式之前，该模式一直处于活动状态。 |
| | 使“Animator”处于缩放模式。“缩放”小控件会显示在“场景视图”中，并使您能够修改几何图形对象的大小。从工具栏中选择其他对象操作模式之前，该模式一直处于活动状态。 |
| | 使“Animator”处于颜色模式。手动输入栏中显示一个调色板，通过它可以修改几何图形对象的颜色。 |
| | 使“Animator”处于透明度模式。手动输入栏中显示一个透明度滑块，通过它可以修改几何图形对象的透明度。 |
| | 为当前对模型所做的更改创建快照，并将其作为时间轴视图中的新关键帧。 |
| | 启用/禁用捕捉。仅当通过拖动“场景视图”中的小控件来移动对象时，捕捉才会产生效果，并且不会对数字输入或键盘控制产生任何效果。 |
| 场景 1 | 选择活动场景。 |
| 0:10.00 | 控制时间轴视图中时间滑块的当前位置。 |
| | 将动画倒回到开头。 |
| | 倒回一秒。 |
| | 从尾到头反向播放动画，然后停止。这不会改变动画元素面对的方向。 |
| | 暂停动画。要继续播放，请再次单击“播放”。 |
| | 停止动画，并将动画倒回到开头。 |
| | 从头到尾正向播放动画。 |
| | 正向播放动画一秒。 |
| | 使动画快进到结尾。 |

图 4-17

Animator 可以创建模型动画并与其进行交互。下面介绍塔吊施工动画的制作。

载入塔吊模型和建筑模型。打开 Animator 窗口，点击“添加场景”按钮添加场景，在新添加的场景中，利用“选择树”选中塔吊模型的全部构件，保存当前选择到集合窗口，命名为“塔吊”，选中“塔吊”集合，右键单击已创建的“场景 1”选择“添加动画集"→"从当前选择"，则新建"动画集 1"。

【注意】在添加动画集中有两个选项："从当前选择"和"从当前搜索/选择集"，两者的区别跟用户选择的模型有关。若选择的是某选择集则两者没有区别，但是要注意添加基于选择集的动画集时，动画集的内容会随着原选择集的内容的更新而自动更新，而添加基于搜索集的动画集时，动画集的内容会随着模型更改而更新搜索集中的所有内容。若是用户自己框选的项目，则需要选择"从当前选择"选项（如图 4-18 所示）。

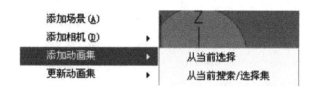

图 4-18

这时选择相应的操作，如"平移动画集" 或"旋转动画集" 把模型调整至初始所需状态，然后点击"捕捉关键帧" ，时间轴上就会出现关键帧的标志◆，选中关键帧则标志变成◇。每次单击按钮 时，Autodesk Navisworks 都会在黑色时间进度线的当前位置添加关键帧（如图 4-19 所示）。

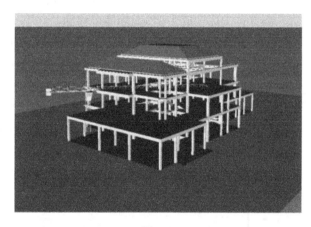

图 4-19

接下来移动黑色时间滑块到所需时间秒数的位置，也可在工具栏中的"时间位置"上输入用户所要求的时间秒数 。

完成上述步骤后，点击"平移动画集"，将塔吊垂直向上移动一定距离或需求的位置，再次点击"捕捉关键帧"，动画集 1 就完成了，点击播放可以看到，塔吊缓慢地从地上渐起上升（如图 4-20 所示）。

上面介绍了制作塔吊施工过程中的攀升动画，下面介绍制作塔吊施工过程中吊臂的旋转动画。

首先，将黑色时间滑块滑动到动画集 1 的第一个关键帧上，用"框选"选中塔吊的吊臂，保存选择集"吊臂"。

类似于动画集 1 的创建过程，选择集合"吊臂"，右键点击场景 1，"添加动画集"→"从当前选择"→"创建动画集 2"。利用 Animator 中旋转小控件 ，调整吊臂初始位置

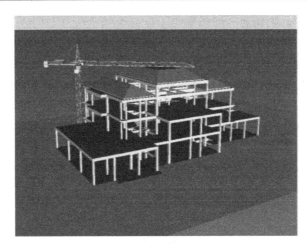

图 4-20

并捕捉关键帧。将时间滑块移动至 2 秒左右的位置，这时点击旋转动画集按钮，出现旋转小控件（如图 4-21 所示）旋转吊臂方向，注意在平移时，应当先将旋转小控件的中心轴（Z轴）移动到塔吊的塔尖，即保证 Z 轴与塔吊的中心轴一致，否则旋转吊臂时，会偏离中心塔座的位置。将鼠标移动至旋转控件坐标轴原点上可抓取部分，光标变成手型图标即可移动。

旋转小控件

图 4-21

旋转塔吊吊臂时，点击旋转控件的 X、Y 轴中间的平面进行整体平面旋转，到达相应位置，捕捉关键帧，基本完成了塔吊动画。为了使塔吊动画更好看，在动画集 2 的时间轴上，右键单击关键帧，依次复制并粘贴第一个和第二个关键帧，使得在塔吊攀升的时间内，动画集 2 内的关键帧交替布置捕捉的两个关键帧（如图 4-22 所示）。

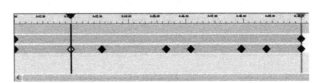

图 4-22

【注意】在操作过程中，项目工具中的任何变换工具不要开启，否则可能会影响在场景动画中的变换操作。

动画集 2 的最后的关键帧不一定与动画集 1 的时间统一，若是希望时间截止相同，双击关键帧，在时间框里进行调整。这样，简单的塔吊施工动画就完成了，点击播放可以看到，在塔吊渐起的同时吊臂随着左右摆动完成塔吊施工模拟。

### 4.2.3 脚本动画

这一节将介绍脚本动画的制作。

1. 首先熟悉脚本工具窗口（如图 4-23 所示）

快速参考：

图 4-23

- 树视图

在"Scripter"树视图中可以创建并管理脚本。要处理树视图中的项目，必须先选择它，同时选择树视图中的脚本将显示相关的事件、动作和特性。

通过拖动树视图中的项目可以快速复制并移动这些项目。要执行此操作，单击要复制或移动的项目，按住鼠标右键并将该项目拖动到所需的位置。当鼠标指针变为箭头时，释放鼠标键可显示关联菜单。根据需要单击"在此处复制"或"在此处移动"。

- 事件视图

"事件"视图显示与当前选定脚本关联的所有事件（如图 4-24 所示）。

| 图标 | 用途 |
| --- | --- |
| | 添加开始事件。 |
| | 添加计时器事件。 |
| | 添加按键事件。 |
| | 添加碰撞事件。 |
| | 添加热点事件。 |
| | 添加变量事件。 |
| | 添加动画事件。 |
| | 在"事件"视图中上移当前选定的事件。 |
| | 在"事件"视图中下移当前选定的事件。 |
| | 在"事件"视图中删除当前选定的事件。 |

图 4-24

- 动作视图

"动作"视图显示与当前选定脚本关联的动作（如图 4-25）。

- 特性视图

"特性"视图显示当前选定的事件或动作的特性。

事件特性，当前在 Autodesk Navisworks 中存在七种事件类型。添加事件时，"特性"视图将显示该事件类型的特性。可以立即或以后配置事件特性。

动作特性，当前在 Autodesk Navisworks 中存在八种操作类型。添加动作时，"特性"视图将显示该动作类型的特性。可以立即或以后配置动作特性。

| 图标 | 用途 |
| --- | --- |
|  | 添加播放动画动作。 |
|  | 添加停止动画动作。 |
|  | 添加显示视点动作。 |
|  | 添加暂停动作。 |
|  | 添加发送消息动作。 |
|  | 添加设置变量动作。 |
|  | 添加存储特性动作。 |
|  | 添加载入模型动作。 |
|  | 在"动作"视图中上移当前选定的动作。 |
|  | 在"动作"视图中下移当前选定的动作。 |
|  | 删除当前选定的动作。 |

图 4-25

2. 脚本动画的制作——门自动开关

在案例中选择一扇门，案例使用的是 F1 层防止防火门——单开门 FM0722B（如图 4-26 所示）。

打开 Animator，创建场景，选中门板和把手创建动画集，点击旋转动画集按钮，出现旋转控件后，将旋转控件的中心放置在门轴上，使 Z 轴与门轴保持平齐，拖动 X、Y 轴相交的平面，旋转门至开启位置，捕捉关键帧，完成旋转门动画制作（如图 4-27 所示）。

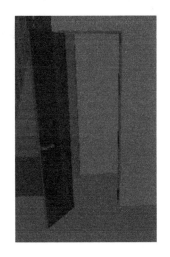

图 4-26                           图 4-27

动画完成后，打开"主窗口"→"工具"面板→单击"Scripter"，启动脚本工具窗口。在"脚本"选框里添加"新建脚本 1"，在"事件"选框中的条件，点击选择热点触发，在右边特性选框中，"热点"选择"球体"，"触发时间"选择"进入"，"热点类型"中的位置点击"拾取"，光标化时，点击门即可。半径以 m 为单位，用户可修改相应进入距离，本例是门的自动开关动画，距离不可太近，故选 2m（如图 4-28 所示）。

接下来点击播放动画按钮或者右键单击操作空白选框选择添加操作"播放动画"，在"操作"选框中会出现"播放动画"字样，选中"播放动画"字样，特性选框出现（如图 4-29 所示），动画选择动画集 1，其他不变。

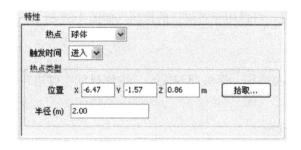 

图 4-28　　　　　　　　　　　　　　　　图 4-29

然后再新建新的脚本 2，如上述步骤，选择"热点触发"，"特性"的设置内容除"触发时间"改选"离开"外与之前相同，添加播放动画，在特性里，"动画"选择动画集 1，而"开始时间"选择"结束"，"结束时间"选择"开始"，这样准备工作就完成了。

播放动画时，首先打开动画选项卡里的"启用脚本"，打开漫游，在场景视图中向门靠近或远离，门就会在相应距离时自动开启或关闭，自动门的脚本动画就完成了。

## 4.3　漫游与审阅

Navisworks 强大的数据整合能力，较低的硬件要求加上实时渲染和漫游引擎一直是它引以为傲的优势。用户可以把不同平台的设计产品整合到 Navisworks 中进行漫游及审阅。本节将使用 Autodesk Navisworks 2013 漫游工具，在虚拟的场景下徜徉于设计作品中，走进 Navisworks 的虚拟世界。

### 4.3.1　漫游前期设置

1. 运动

线速度：需要根据项目规模来设置，多测试几遍便能找到比较满意的漫游速度，本案例设置为 4m/s。

角速度：控制在三维工作空间中相机旋转的速度，也是根据场景来调整，这里使用默认的 45°/s（如图 4-30 所示）。

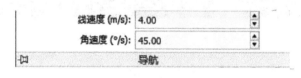

图 4-30

2. 碰撞

视点选项卡下，在保存、载入和回放面板上单击，打开编辑视点对话框，打开碰撞设置，设置观察器参数。

复选框：包含有碰撞、重力（可以走下楼梯或依随地形而走动）、自动蹲伏（暂时蹲伏在某个较低的对象之下）三个复选框，在漫游时，可以根据项目需要酌情勾选。

观察器：设置虚拟物的参数来对项目进行观察。

第三人设置：对第三人的参数进行设置，可以用于对项目的检测（如图 4-31 所示）。

### 4.3.2 漫游

1. 漫游：前期参数设置好后，打开漫游按钮，箭头即变成 ，按住鼠标左键进行平移，第三人即可进行漫游（如图 4-32 所示）。

图 4-31

图 4-32

2. 鼠标滚轮设置其观察角度（如图 4-33 所示）。

图 4-33

3. 飞行：前期参数设置完毕后，打开飞行按钮，箭头即变成 ，按住鼠标左键进行平移，即可对项目进行飞行观察（如图 4-34 所示）。

### 4.3.3 审阅

1. 测量

在项目场景中，对于数据、角度和面积的查询，可以使用审阅中的测量工具。

• "审阅"选项卡下，选择测量中"点到点"选项，单击需测量的距离的开始端和结束端，即可得知距离（如图 4-35 所示）。

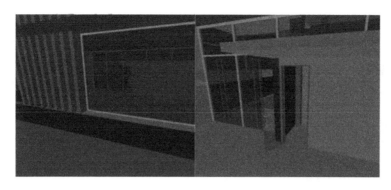

图 4-34

【注意】确保应用程序菜单中选项编辑器中界面的捕捉各项已勾选。

图 4-35

• 单击"审阅"选项卡，选择测量中"点线"选项，连续捕捉各点，即可得知整段线的距离（如图 4-36 所示）。

• 单击"审阅"选项卡，选择测量中"角度"选项，捕捉两条线，即可得知两条线之间夹角的度数（如图 4-37 所示）。

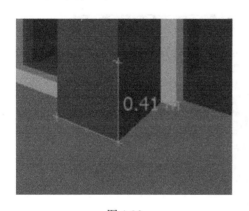

图 4-36

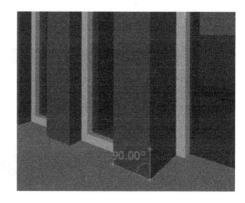

图 4-37

• 单击"审阅"选项卡，选择测量中"面积"选项，任意捕捉多个点，即可得知这些点形成的面的面积（如图 4-38 所示）。

【注意】在测量中，单击鼠标右键即可退出测量状态。

2. 红线批注

在漫游中，发现模型的问题可以及时利用红线标注工具进行标注。保存发现问题的视图，利用审阅中红线批注的工具进行批注，以便对设计或者模型进行修正。同时可以加入

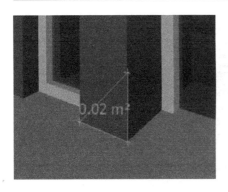

图 4-38

文字，对批注进行解释。

• 单击"审阅"选项卡，选择红线批注绘图下拉菜单中"云线"选项，连续单击左键即可绘制云线，右键即可自动形成封闭的图案。椭圆、线等绘制方式类似。

• 单击"审阅"选项卡，选择红线批注中"文字"选项，鼠标箭头变成笔后，单击需要添加文字的地方，在跳出的对话框中输入文字即可（如图 4-39 所示）。

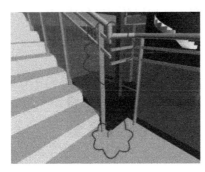

图 4-39

【注意】红线批注只保存在已保存的视点或者碰撞结果中。

3. 标记

在一个保存的视点中发现问题也可以用标记功能标注出来（如图 4-40 所示）。

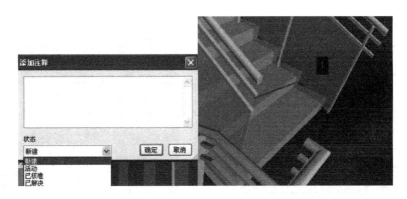

图 4-40

"审阅"选项卡下，单击"添加标记"选项，箭头即变成铅笔字样，单击起始点和结束点，即会出现标记和添加注释对话框，可以键入注释内容，并且选择其状态。

4. 注释

单击"审阅"选项卡，选择注释面板中"查看注释"选项，即可查看项目中的各类注释（如图 4-41 所示）。

右键即可对注释进行添加、编辑和删除（如图 4-42 所示）。

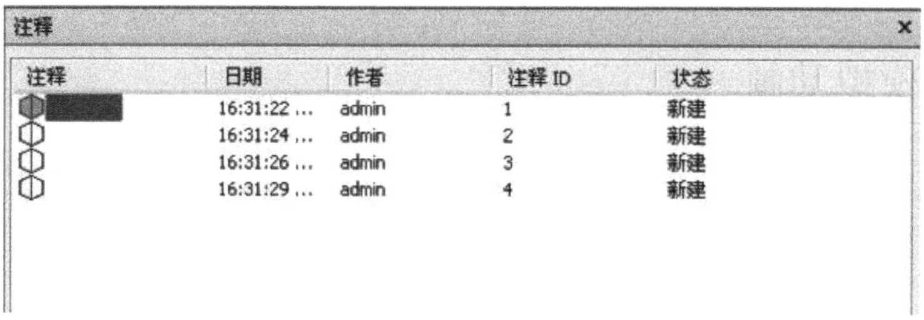

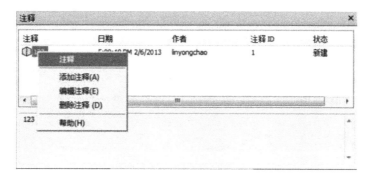

图 4-41

图 4-42

## 5. 第三人

可以对第三人的参数进行设置，用以检查入口或者管道的宽度高度等。

"视点"选项卡下，在保存、载入和回放面板中，单击 ，打开编辑视点对话框，打开碰撞设置，设置观察器参数（如图 4-43 所示）。

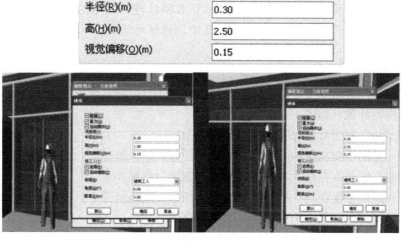

图 4-43

分别设置第三人的高度为 1.8m 和 2.5m 用来检测门的高度，类似的方法可以用来检查管道离地面的净高等。

## 4.4　施工模拟动画

施工模拟动画是通过 Navisworks 软件把建筑施工的过程提前预演出来，能够帮助设计和施工专家在施工前预测和避免潜在问题。

### 4.4.1　Timeliner 界面

首先熟悉制作施工模拟动画的工具——Timeliner 窗口（如图 4-44 所示）。

图 4-44

任务选项卡

在任务选项卡中，Navisworks 提供了创建和管理项目任务工具。在该选项卡中集成了项目任务的创建和管理工具，主要按钮全部直观地罗列在了任务视图和甘特图视图上（如图 4-45 所示）。

- 快速参考
- 数据源选项卡

在该选项卡中，Navisworks 提供了链接外部项目进度计划的接口。通过链接外任务数据，可以直接利用链接数据在 Navisworks 中创建任务进度。Navisworks 支持的数据文件如图 4-46 所示。

- 配置选项卡

通过"配置"选项卡可以设置任务参数，例如任务类型、任务的外观定义以及模拟开始时的默认模型外观（如图 4-47 所示）。

"TimeLiner"附带有三种预定义的任务类型：

建造——适用于要在其中构建附加项目的任务。默认情况下，在模拟过程中，对象将在任务开始时以绿色高亮显示并在任务结束时重置为模型外观。

拆除——适用于要在其中拆除附加项目的任务。默认情况下，在模拟过程中，对象将在任务开始时以红色高亮显示并在任务结束时隐藏。

临时——适用于其中的附加项目仅为临时的任务。默认情况下，在模拟过程中，对象将在任务开始时以黄色高亮显示并在任务结束时隐藏。

【注意】双击"名称"列来重命名任务类型，或双击任何其他列来更改任务类型的外观。可以通过"添加"按钮添加新的任务类型，利用"删除"按钮删除任务类型。

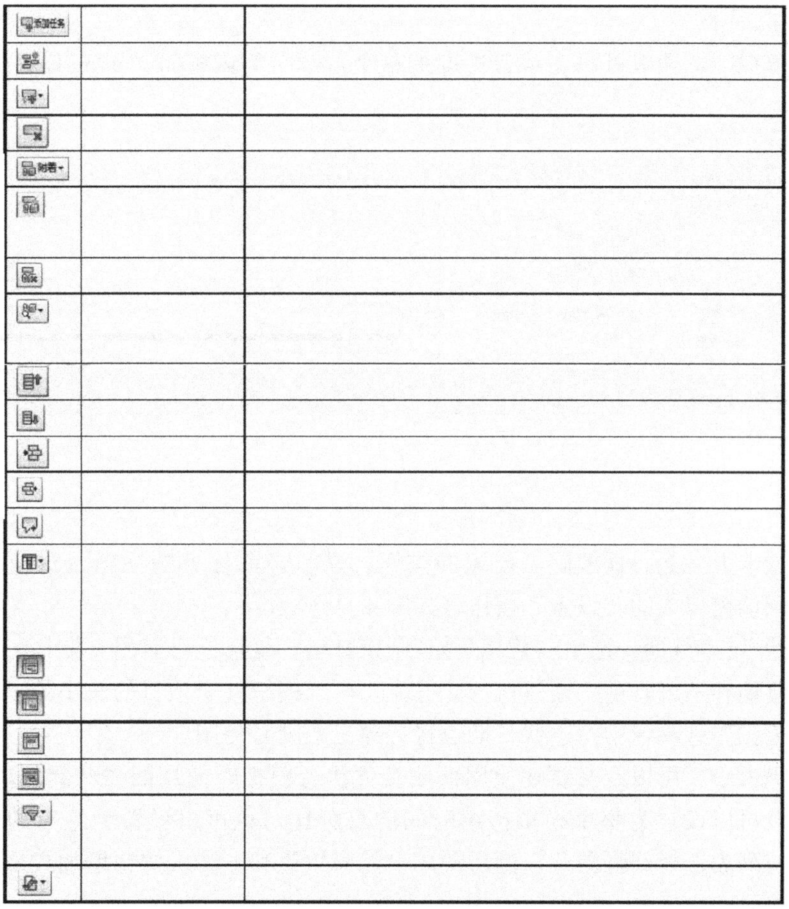

| | | |
|---|---|---|
| 添加任务 | | |
| | | |
| | | |
| | | |
| 附着 | | |
| | | |
| | | |
| | | |
| | | |
| | | |
| | | |
| | | |
| | | |
| | | |
| | | |
| | | |
| | | |
| | | |
| | | |
| | | |

图 4-45

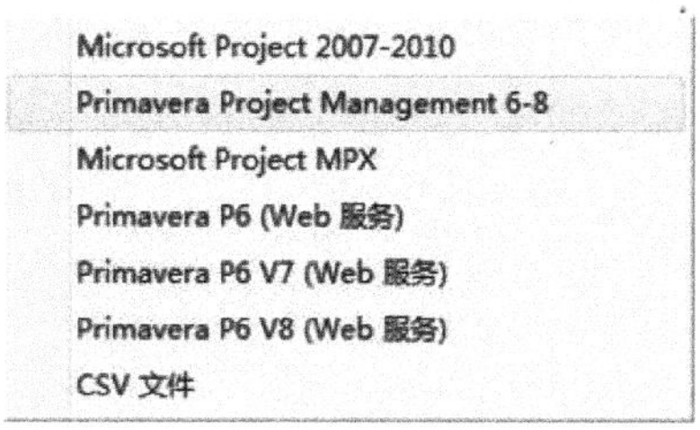

图 4-46

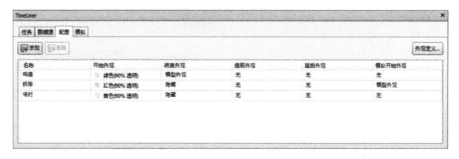

图 4-47

• 模拟选项卡

通过"模拟"选项卡可以在项目进度的整个持续时间内模拟"TimeLiner"序列（如图 4-48 所示）。

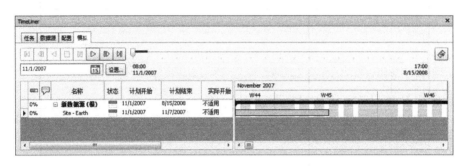

图 4-48

在该选项卡上，拥有播放施工模拟的按钮、显示当前任务的视图及对应的甘特图视图。重点介绍该窗口中的"设置"按钮（如图 4-49 所示）。

替代开始/结束日期：选中"替代开始/结束日期"复选框可启用日期框，用户可以从中选择开始日期和结束日期。通过执行此操作，可以模拟整个项目的较小的子部分。日期将显示在"模拟"选项卡中。这些日期也将在导出动画时使用。

时间间隔大小：可以定义要在使用播放控件执行模拟时使用的"时间间隔大小"。时间间隔大小既可以设置为整个模拟持续时间的百分比，也可以设置为绝对的天数或周数等。使用下拉列表选择间隔单位，然后使用上箭头按钮和下箭头按钮增加或减小间隔大小（如图 4-50 所示）。

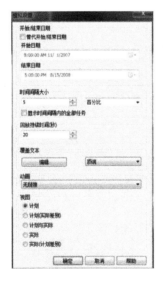

图 4-49      图 4-50

显示时间间隔内的全部任务：通过选中"以时间间隔显示全部任务"复选框并假设将"时间间隔大小"设置为 5 天，会将此 5 天之内所有已处理的任务（包括在时间间隔范围内开始和结束的任务）设置为它们在"场景视图"中的"开始外观"。"模拟"滑块将通过在滑块下绘制一条蓝线来显示此操作。如果取消选中此复选框，则在时间间隔范围内开始和结束的任务不会以此种方式高亮显示，并且需要与当前日期重叠才可在"场景视图"中高亮显示。

回放持续时间：通过这里可以控制整个施工模拟动画的时间长度。

覆盖文本：在此可以设置施工模拟动画中文本的位置、类型以及文本的样式（如图 4-51 所示）。

动画：在此可以链接视点动画，使得施工模拟过程能够跟随视点动画切换视角。

【注意】同一个场景中可能会做很多视点动画，而这里的链接视点动画并不能指定视点动画，所以在设置完该选项后，在视点动画播放器中添加要链接到 Timeliner 中的视点动画。

视图：在此根据设置的任务时间选择视图。比如：使用的是计划时间，选择"计划"。各视图的区别参考 Navisworks 帮助文档。

下面将演示施工模拟动画的制作流程。

图 4-51

### 4.4.2 Timeliner 动画制作

1. 创建集合

在"集合"窗口空白处右键单击，选择"新建文件夹"，命名为"施工模拟"。

打开选择树窗口（如图 4-52 所示）。选中"施工场地 .nwc"，右击集合窗口中的"施工模拟文件夹"，在弹出的右键菜单中选择"保存选择"命令，在集合窗口中自动生成的选择集里键入"场地"，完成施工场地集合的制作，同时隐藏该选择集。该操作为了方便后面选择集的制作。使用同样的方法制作"塔吊"集合。

图 4-52

点击 View Cube "前"，将视图切换到正立面，在"视点"→"相机"面板中，将渲染样式从"透视"切换成正视。长按空格键，拖动鼠标，框选地下一层的构件，选中后保存选择集"地下一层"（这里保存选择可以在集合窗口使用右键菜单中的保存选择命令，也可以松开空格键后，用鼠标左键将高亮选中的对象拖拽到集合面板中，熟练操作后建议使用后者）。以此类推，从下至上逐层框选各层构件并创建相应集合，注意每做一层集合便隐藏一层集合（如图 4-53 所示）。

完成所有集合制作后，打开"主窗口"选项卡，在"可见性"面板中单击"显示全部"按钮，之前隐藏的模型即可全部显示。

【注意】为了便于模拟，集合名和任务计划名应一致，可根据 Project 任务命名，后期可利用规则给任务附着选择集。

2. 创建任务和任务类型

在 Timeliner 窗口中打开"数据源"选项卡，单击"添加"按钮，此时 Navisworks 列出了可链接到 Navisworks 中的数据源，本案例选择第一个（如图 4-54 所示）。

图 4-53                                           图 4-54

打开 Project 后，将弹出"字段选择器"（如图 4-55 所示）。

图 4-55

这里完全可以忽视，直接点击"确定"，完成任务数据载入。

注意在字段选择器中，左边的列是 Navisworks 中 Timeliner 窗口任务视图中对应的列，而外部字段即是链接的任务计划对应的列。使用 Microsolft Project 可以忽略这些字段的映射关系，而使用其他任务数据源可能需要指定映射字段。

右键单击载入的 Project（如图 4-56 所示）。可以重命名载入的数据源，默认名为"新数据源"，这里选择默认。选择右键菜单中的"重建任务层次"命令，Navisworks 将根据导入的 Project，在 Timeliner 任务视图中建立任务计划（如图 4-57 所示）。

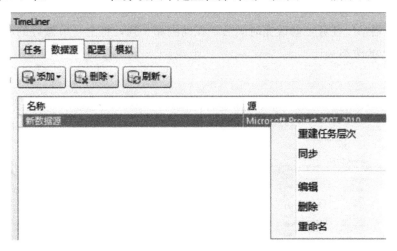

图 4-56

图 4-57

单击"配置"→"添加"按钮，新建"场地"和"塔吊"两个任务类型，将设置它们开始外观和结束外观为"模型外观"（如图 4-58 所示）。

单击"任务"选项卡，单击工具栏中"列"按钮 ⊞，在下拉菜单中选择"选择列"命令，在弹出的"选择 Timeliner 列"对话框中，勾选"动画"复选框，单击"确定"退出对话框。

在任务视图中选中"基础施工"，在工具栏中选择"插入任务"按钮 ⊞，在"基础施工"上一行插入新任务，修改任务名称为"场地"，同时修改任务对应的时间。使用同样

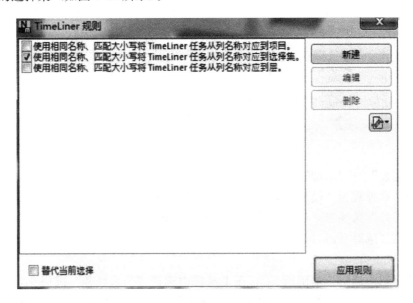

图 4-58

的方法新建"塔吊"任务，修改完时间后，在动画那一列，将上一节做好的塔吊动画链接进来（如图 4-59 所示）。

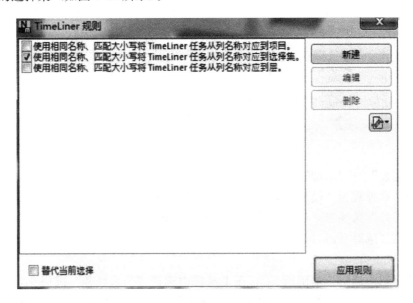

图 4-59

单击"规则"按钮，打开"Timeliner 规则"对话框，勾选第二个规则复选框（如图 4-60所示）。单击"应用规则"选择集与任务附着。此时任务视图"附着的"那一列附着了对应的选择集（如图 4-61 所示）。

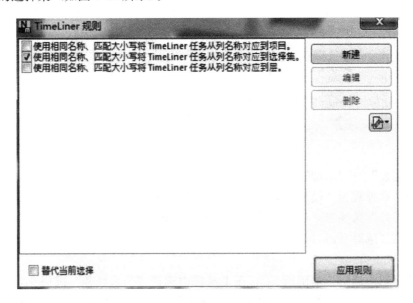

图 4-60

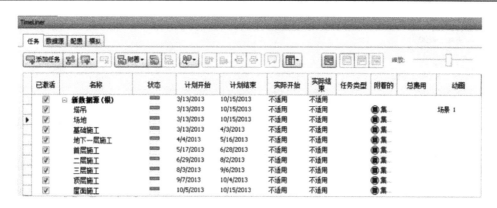

图 4-61

在任务视图任务类型那一列为任务配置任务类型。在塔吊的任务类型为"塔吊"，场地的任务类型为"场地"。设置"基础施工"的任务类型为"构造"。选中基础施工，长按 shift，单击"屋面施工"，选中所有"构造"任务，右键单击选中的任务，在弹出的右键菜单中选择"向下填充"命令（如图 4-62 所示）。

| 已激活 | 名称 | 状态 | 计划开始 | 计划结束 | 任务类型 | 附着的 | 总费用 | 动画 |
|---|---|---|---|---|---|---|---|---|
| ✓ | ⊟ **新数据源（根）** |  | 3/13/2013 | 10/15/2013 |  |  |  |  |
| ✓ | 塔吊 |  | 3/13/2013 | 10/15/2013 | 塔吊施工 | ◉集... |  | 场景 1 |
| ✓ | 场地 |  | 3/13/2013 | 10/15/2013 | 场地 | ◉集... |  |  |
| ✓ | 基础施工 |  | 3/13/2013 | 4/3/2013 | 构造 | ◉集... |  |  |
| ✓ | 地下一层施工 |  | 4/4/2013 | 5/16/2013 | 构造 | ◉集... |  |  |
| ✓ | 首层施工 |  | 5/17/2013 | 6/28/2013 | 构造 | ◉集... |  |  |
| ✓ | 二层施工 |  | 6/29/2013 | 8/2/2013 | 构造 | ◉集... |  |  |
| ✓ | 三层施工 |  | 8/3/2013 | 9/6/2013 | 构造 | ◉集... |  |  |
| ✓ | 顶层施工 |  | 9/7/2013 | 10/4/2013 | 构造 | ◉集... |  |  |
| ✓ | 屋面施工 |  | 10/5/2013 | 10/15/2013 | 构造 | ◉集... |  |  |

图 4-62

3. 参数设置

单击"模拟"选项卡中"设置"按钮，在弹出的"模拟设置"对话框中，修改"时间间隔大小"、"回放持续时间"和"动画"（如图 4-63 所示）。

【注意】假如场景中有多个视点动画，应注意把需要链接的视点动画添加到"视点"选项卡中的视点动画播放器中（如图 4-64 所示）。

修改"覆盖文本"，单击"编辑"按钮，弹出"覆盖文本"对话框，单击"其他"按钮，先选择"新的一行"命令，然后在新的一行中插入"当前活动任务"（如图 4-65 所示）。

此时已经完成了施工模拟动画的制作以及参数设置，可以在"模拟"选项卡中的播放器中播放施工模拟。

4. 导出动画

单击"模拟"选项卡中"导出动画"按钮，在弹出的对话框中可参照如下设置导出施工模拟动画（如图 4-66 所示）。

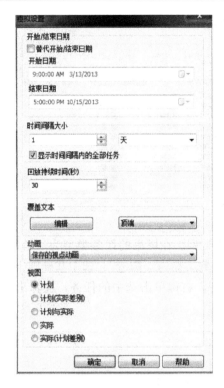

图 4-63

图 4-64

图 4-65

图 4-66

## 4.5　碰撞检测

目的：通过演示实例，掌握检查三维模型专业间冲突干涉问题的方法，使用审阅功能添加红线批注和注释，能够导出和导入相关分析报告。

### 4.5.1　Clash Detective 窗口

"Clash Detective"工具用于检查三维模型专业间的冲突干涉问题，该工具可以设置碰撞检测的规则、查看检测结果以及生成碰撞分析数据报告（如图 4-67 所示）。

图 4-67

"添加测试"——用于管理碰撞检测和结果。它显示当前设置的、以表格格式列出的所有碰撞检测。可以使用该选项卡右侧和底部的滚动条浏览碰撞检测。

"规则"选项卡——用于定义和自定义要应用于碰撞检测的忽略规则。该选项卡列出了当前可用的所有规则。这些规则可用于使"Clash Detective"在碰撞检测期间忽略某个模型几何图形。可以编辑每个默认规则，并可以根据需要添加新规则。

"选择"选项卡——用于通过一次仅测试项目集而不是针对整个模型本身进行测试来优化碰撞检测。使用它可以为"批处理"选项卡上当前选定的碰撞配置参数。

"结果"选项卡——用于以交互方式查看已找到的碰撞。它包含碰撞列表和一些用于管理碰撞的控件。现在可以将碰撞组合到文件夹和子文件夹中，从而使管理大量碰撞或相关碰撞的工作变得更为简单。

"报告"选项卡——可以设置和写入包含选定测试中找到的所有碰撞结果的详细信息的报告。

### 4.5.2　碰撞检测基本流程

- 从"添加测试"中选择一个以前运行的测试，或者添加一个新测试；
- 设置测试的规则；
- 选择要在测试中包括的所需项目，然后设置测试类型选项；
- 查看结果；
- 生成碰撞报告。

### 4.5.3 碰撞检测操作方法

本节通过实例演示，使用户掌握专业间碰撞检测的基本操作方法。

单击“主窗口”选项卡“工具”面板“Clash Detective”（如图 4-68 所示）；

Clash Detective
TimeLiner
Presenter
外观配置器
Animator
Batch Utility
Scripter
比较
工具

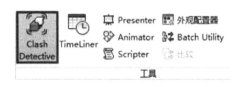

图 4-68

“添加测试”修改名称为“暖系统与结构碰撞”（如图 4-69 所示）；

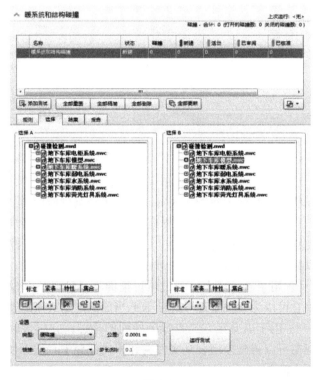

图 4-69

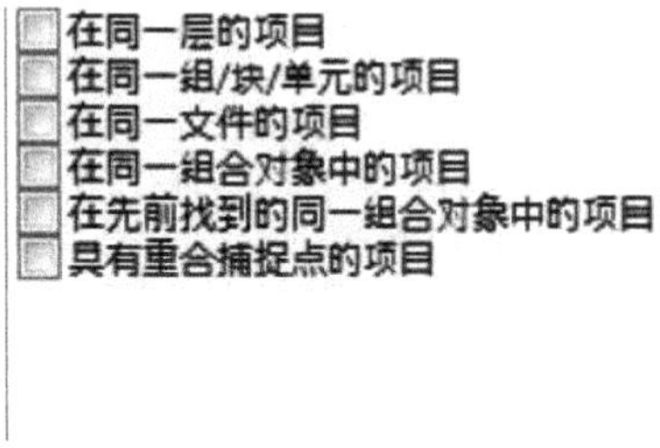

在同一层的项目
在同一组/块/单元的项目
在同一文件的项目
在同一组合对象中的项目
在先前找到的同一组合对象中的项目
具有重合捕捉点的项目

图 4-70

“规则”选项卡全部不勾选（如图 4-70 所示）；

“选择”选项卡左窗格底部选择“标准”，左窗格选择“地下暖系统 . nwc”；

右窗格底部选择“标准”，右窗格选择“地下车库模型”；

左右窗格几何图形类型按钮都选择“曲面”，左右窗格“自相交”复选框都不勾选，在运行窗格里类型选择“硬碰撞”，公差设置为“0. 00”；

点击"开始"运行选定的碰撞检测在"碰撞数目"格中显示找到的碰撞数（如图 4-71
所示）；

图 4-71

"结果"选项卡点击检测出来的不同的碰撞点使用漫游工具将视角切换到合适的查看
角度，清楚展示每一个碰撞点（如图 4-72 所示）。

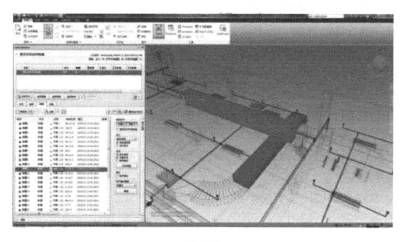

图 4-72

"结果"选项卡中"显示设置"常用选项，使用下列选项可以有效查看碰撞：
1. 高亮显示
单击"项目 1"和/或"项目 2"按钮可将"场景视图"中项目的颜色替代为选定碰撞

的状态颜色。

高亮显示所有碰撞，如果选中该复选框，则会在"场景视图"中高亮显示找到的所有碰撞。

【注意】显示的碰撞取决于选择的是"项目 1"还是"项目 2"按钮；如果仅选择了"项目 1"按钮，则将仅显示碰撞中涉及的"项目 1"的项目，如果同时选择了这两个按钮，则将显示所有碰撞。

2. 孤立

"孤立"下拉列表选择"其他变暗"可使选定碰撞或选定碰撞组中未涉及的所有项目变灰。这使用户能够更轻松地看到碰撞项目。选择"隐藏其他"可隐藏除选定碰撞或选定碰撞组中涉及的所有项目之外的所有其他项目。这样，就可以更好地关注碰撞项目。

降低透明度只有从"孤立"下拉列表中选择"其他变暗"时，该复选框才可用。如果选中该复选框，则将碰撞中未涉及的所有项目渲染为透明以及灰色。可以使用"选项编辑器"自定义降低透明度的级别，以及选择将碰撞中未涉及的项目显示为线框。默认情况下，使用透明度。

自动显示对于单个碰撞，如果选中该复选框，则会暂时隐藏遮挡碰撞项目的任何内容，以便在放大选定的碰撞时无须移动位置即可看到它。

3. 视点

自动缩放：如果选中该复选框，则会自动缩放相机以显示选定碰撞或选定碰撞组中涉及的所有项目。如果清除该复选框，则在逐个浏览碰撞时，可以使主视点保持静态。

动画转场：如果清除该复选框，则在逐个浏览碰撞时，可以使主视点保持静态。默认情况下会清除此复选框。

【提示】要受益于该效果，还需要选中"自动缩放"复选框或"保存更改"复选框。

保存更改：如果选中该复选框，则会保存碰撞或碰撞组的当前视图，以便在重新选择该碰撞或碰撞组时，显示保存的视图。

关注碰撞：重置碰撞视点，使其关注原始碰撞点（如果已从原始点导航至别处）。

4. 模拟

显示模拟：如果选中该复选框，则可使用基于时间的软（动画）碰撞。它将"Timeliner"序列或动画场景中的播放滑块移动到发生碰撞的确切时间点，以便能够调查在碰撞之前和之后发生的事件。对于碰撞组，播放滑块将移动到组中"最坏"碰撞的时间点。

5. 在环境中查看

通过该列表中的选项，可以暂时缩小到模型中的参考点，从而为碰撞位置提供环境。可选择以下选项之一：

• 全部：视图缩小以使整个场景在"场景视图"中可见。

• 文件：视图缩小（使用动画转场），以便包含选定碰撞中所涉及项目的文件范围在"场景视图"中可见。

• 主窗口：转至以前定义的主视图。

• "查看"按钮：按住该按钮可在"场景视图"中显示选定的环境视图。

【注意】只要按住该按钮，视图就会保持缩小状态。如果快速单击（而不是按住）该按钮，则视图将缩小，保持片刻，然后立即再缩放回原来的大小。